全国中等医药卫生职业教育"十二五"规划教材

分 析 化 学

（供医学检验技术、药剂、药品食品检验等专业用）

主　编　赵世芬（北京卫生职业学院）

副主编　李抒诗（哈尔滨市卫生学校）

　　　　黄月君（山西药科职业学院）

　　　　程桂丽（牡丹江市卫生学校）

编　委　（以姓氏笔画为序）

　　　　闫冬良（南阳医学高等专科学校）

　　　　许运智（海南省卫生学校）

　　　　孙李娜（四川中医药高等专科学校）

　　　　邱承晓（山东莱阳卫生学校）

　　　　张春梅（河北联合大学秦皇岛分院）

　　　　廖禹东（赣州卫生学校）

中国中医药出版社

·北 京·

图书在版编目（CIP）数据

分析化学/赵世芬主编 . —北京：中国中医药出版社，2013.8（2016.6 重印）
全国中等医药卫生职业教育"十二五"规划教材
ISBN 978 - 7 - 5132 - 1512 - 1

Ⅰ . ①分… Ⅱ . ①赵… Ⅲ . ①分析化学 - 中等专业学校 - 教材 Ⅳ . ①O65

中国版本图书馆 CIP 数据核字（2013）第 131717 号

中 国 中 医 药 出 版 社 出 版
北京市朝阳区北三环东路 28 号易亨大厦 16 层
邮政编码 100013
传真 010 64405750
三河市双峰印刷装订有限公司印刷
各地新华书店经销

＊

开本 787×1092 1/16 印张 12.25 字数 274 千字
2013 年 8 月第 1 版 2016 年 6 月第 2 次印刷
书 号 ISBN 978 - 7 - 5132 - 1512 - 1

＊

定价 29.00 元
网址 www.cptcm.com

全国中等医药卫生职业教育"十二五"规划教材
专家指导委员会

前　言

　　"全国中等医药卫生职业教育'十二五'规划教材"由中国职业技术教育学会教材工作委员会中等医药卫生职业教育教材建设研究会组织，全国120余所高等和中等医药卫生院校及相关医院、医药企业联合编写，中国中医药出版社出版。主要供全国中等医药卫生职业学校护理、助产、药剂、医学检验技术、口腔修复工艺专业使用。

　　《国家中长期教育改革和发展规划纲要（2010–2020年）》中明确提出，要大力发展职业教育，并将职业教育纳入经济社会发展和产业发展规划，使之成为推动经济发展、促进就业、改善民生、解决"三农"问题的重要途径。中等职业教育旨在满足社会对高素质劳动者和技能型人才的需求，其教材是教学的依据，在人才培养上具有举足轻重的作用。为了更好地适应我国医药卫生体制改革，适应中等医药卫生职业教育的教学发展和需求，体现国家对中等职业教育的最新教学要求，突出中等医药卫生职业教育的特色，中国职业技术教育学会教材工作委员会中等医药卫生职业教育教材建设研究会精心组织并完成了系列教材的建设工作。

　　本系列教材采用了"政府指导、学会主办、院校联办、出版社协办"的建设机制。2011年，在教育部宏观指导下，成立了中国职业技术教育学会教材工作委员会中等医药卫生职业教育教材建设研究会，将办公室设在中国中医药出版社，于同年即开展了系列规划教材的规划、组织工作。通过广泛调研、全国范围内主编遴选，历时近2年的时间，经过主编会议、全体编委会议、定稿会议，在700多位编者的共同努力下，完成了5个专业61本规划教材的编写工作。

　　本系列教材具有以下特点：

　　1. 以学生为中心，强调以就业为导向、以能力为本位、以岗位需求为标准的原则，按照技能型、服务型高素质劳动者的培养目标进行编写，体现"工学结合"的人才培养模式。

　　2. 教材内容充分体现中等医药卫生职业教育的特色，以教育部新的教学指导意见为纲领，注重针对性、适用性以及实用性，贴近学生、贴近岗位、贴近社会，符合中职教学实际。

　　3. 强化质量意识、精品意识，从教材内容结构、知识点、规范化、标准化、编写技巧、语言文字等方面加以改革，具备"精品教材"特质。

　　4. 教材内容与教学大纲一致，教材内容涵盖资格考试全部内容及所有考试要求的知识点，注重满足学生获得"双证书"及相关工作岗位需求，以利于学生就业，突出中等医药卫生职业教育的要求。

　　5. 创新教材呈现形式，图文并茂，版式设计新颖、活泼，符合中职学生认知规律及特点，以利于增强学习兴趣。

　　6. 配有相应的教学大纲，指导教与学，相关内容可在中国中医药出版社网站

（www. cptcm. com）上进行下载。本系列教材在编写过程中得到了教育部、中国职业技术教育学会教材工作委员会有关领导以及各院校的大力支持和高度关注，我们衷心希望本系列规划教材能在相关课程的教学中发挥积极的作用，通过教学实践的检验不断改进和完善。敬请各教学单位、教学人员以及广大学生多提宝贵意见，以便再版时予以修正，使教材质量不断提升。

中等医药卫生职业教育教材建设研究会

中国中医药出版社

2013 年 7 月

编写说明

本教材是全国中等医药卫生职业教育"十二五"规划教材之一，围绕以服务人才培养为目标编写，强调以就业为导向、以能力为本位、以岗位需求为标准的原则编写，按照技能型、服务型高素质劳动者的培养目标编写，体现"工学结合"的人才培养模式。主要供中等职业院校医学检验技术、药剂和药品食品检验技术等专业的师生使用。

为了充分体现中等卫生职业教育的特色，在选择教材内容时，以教育部新的教学指导意见为纲领，把握教材的深度和广度，协调与相关课程知识点之间的跨度和梯度，注重内容的针对性、适用性以及实用性，贴近学生，贴近岗位，贴近社会，力争最大限度地符合中等职业教育教学实际；在确定编写体例时，增加了"知识要点"、"知识链接"和"课堂互动"三个板块，既突出了教材主体内容又拓展了知识，同时提高了学生的参与程度；在撰写文字时，注意言简意赅，通俗易懂，符合中等职业教育学生的认知程度。

全书共11章，内容包括分析化学概论、检验结果的处理、滴定分析法概论、酸碱滴定法、沉淀滴定法、配位滴定法、氧化还原滴定法、电位分析法及永停滴定法、紫外－可见分光光度法、色谱法和原子吸收分光光度法。在编写中，主要突出以下特点：

1. 为突出教材内容的针对性和适用性，主体内容都是医学检验技术和药剂等专业学生就业工作岗位所需的基本理论、基本知识和基本技能，"知识链接"则是与之相关的拓展知识，如发展史、其他分析方法或实例等，体现了编写原则。

2. 为突出教材内容的实用性，每种分析方法后有"应用与实例"部分，每个滴定分析方法后有"标准溶液的配制与标定"，以及13个相关实验，它们都是医学检验技术和药剂等专业学生就业工作岗位具体完成的工作任务，体现了"工学结合"的人才培养模式。

3. 为突出对学生的技能和能力培养，在书后附有17个相关实验的实践指导，教师可根据各院校的实际情况进行选做。并在每章后附有同步训练，在教学时可边学边练。

本教材由赵世芬主编和统稿。其中第一章由赵世芬编写，第二章由赵世芬和闫冬良编写，第三章由李抒诗编写，第四章由黄月君编写，第五章由张春梅编写，第六章由许运智编写，第七章由程桂丽编写，第八章由孙李娜编写，第九章由闫冬良编写，第十章由廖禹东编写，第十一章由邱承晓编写。

由于编者水平有限，书中难免出现疏漏，恳请专家和读者批评与指正。

《分析化学》编委会

2013年4月

目　录

第一章　分析化学概论

知识要点

分析化学及其任务；分析化学按任务不同分类；分析化学按原理不同分类。

第一节　分析化学的任务和作用

一、分析化学的任务

分析化学是研究物质化学组成的分析方法、有关理论及技术的一门科学。它是化学学科的一个重要组成部分，其任务是鉴定物质的化学组成、测定物质中各组分的相对含量以及确定物质的化学结构。

二、分析化学的作用

分析化学是一门在处理和解决实际问题中发挥重要作用的科学，具有其他学科不可替代的作用。它不仅对化学学科的发展起着重要作用，而且在国民经济建设、科学研究及医药卫生事业的发展中也发挥着重要的作用。

在国民经济建设中，各行各业利用分析化学的方法、手段及技术进行样品的分析。例如：在地质勘探中，矿样的分析；在工业生产中，原料的分析，半成品和成品的检验，新产品的研制，工艺技术的改进和革新；在农业生产中，土壤成分、化肥、农药及农作物生长的研究和分析等，都需用分析化学工作者提供的分析结果进行工作，因此，各个领域均需要分析化学的知识和技术。分析测试是科技与生产的眼睛，是衡量一个国家经济与科技发展的标志。

科学研究领域更需要分析化学的方法、手段及技术，无论是化学学科本身的发展，还是其他学科的发展，均需要分析化学的支持。同样，其他学科的发展也促进了分析化学的发展。

在医药卫生事业中，临床检验、临床生化检验、药品检验、新药研究、食品卫生检验、食品营养成分分析、食品添加剂分析及有毒成分分析；环境保护中，对水质和大气的监测，三废（废水、废气、废渣）的处理和综合利用，都需要运用分析化学的理论、知识和技术。

分析化学是医学检验技术和药剂专业学生的专业技能课。通过学习本课程，使学习者掌握分析化学的基本理论、基本知识和基本技能，逐步树立正确的"量"的概念，培养和形成良好的职业素质和服务态度，为学习专业课程和职业技能奠定良好的基础。

第二节　分析方法的分类

一、按分析任务不同分类

按分析任务不同分为定性分析、定量分析和结构分析，它们的任务分别是鉴定物质的化学组成、测定物质中各组分的相对含量和确定物质的化学结构。

二、按分析对象不同分类

按分析对象不同分为无机分析和有机分析。无机分析的分析对象是无机物，目的是鉴定样品由何元素、离子、原子团或化合物组成以及测定各组分的相对含量。有机分析的分析对象是有机物，目的是鉴定样品由何元素、官能团、原子团或化合物组成以及测定各组分的相对含量，必要时还需要确定物质的化学结构。

三、按分析原理不同分类

按分析时所用原理不同分为化学分析和仪器分析。

1. 化学分析

化学分析是利用物质的化学性质进行分析的方法。被分析的物质称为样品或试样，与之起化学反应的物质称为试剂，所发生的化学反应称为分析化学反应。

化学分析又分为化学定性分析和化学定量分析。化学定性分析是利用样品中被测组分与试剂发生化学反应产生的现象和特征鉴定物质的化学组成。化学定量分析是利用样品中被测组分与定量的试剂发生化学反应从而测定各组分的相对含量。化学定量分析根据分析时测定方法不同，分为重量分析和滴定分析。

化学分析方法历史悠久，是分析化学的基础，故又称为经典分析方法。它具有测定结果准确、所用仪器简单、操作方便和应用范围广等优点，也有测定灵敏度低、速度慢等缺点。

2. 仪器分析

仪器分析是利用物质的物理或物理化学性质进行分析的方法。它主要分为光学分析、电化学分析、色谱分析和质谱分析，具有测定速度快、灵敏度高、取样量少以及操作自动化程度高等特点，并且随着科学技术的迅猛发展而快速发展，应用日益广泛。但是，所用仪器较复杂、价格昂贵并对工作环境要求高，测定结果的相对误差通常在百分之几左右，如果测量的是微量组分和痕量组分，测定结果的绝对误差小、准确度高，如果测量的是常量组分，测定结果的绝对误差大、准确度低。此外，试样进入仪器前，一般需要用化学分析方法对试样进行处理、杂质分离及方法准确度的验证。

因此，化学分析与仪器分析是相辅相成的两种分析方法，它们互相配合，缺一不可，在分析工作中根据具体情况选用合适的分析方法。

四、按试样用量不同分类

按分析时试样用量的多少分为常量分析、半微量分析、微量分析及超微量分析（如表1-1所示）。通常在化学定量分析中采用常量分析，在化学定性分析中采用半微量分析，在仪器分析中采用微量分析或超微量分析。

表1-1　各种分析方法的试样用量

方　　法	试样质量（g）	试液体积（ml）
常量分析	>0.1	>10
半微量分析	0.1~0.01	10~1
微量分析	0.01~0.0001	1~0.01
超微量分析	<0.0001	<0.01

五、按被测组分的含量不同分类

按被测组分含量的多少，又粗略地分为常量组分分析（>1%）、微量组分分析（1%~0.01%）和痕量组分分析（<0.01%）。

六、按分析目的不同分类

按分析的目的不同分为常规分析和仲裁分析。常规分析又称例行分析，指实验室日常工作中需要进行的分析工作。仲裁分析指不同单位或个人对分析结果有争议时，要求有关单位用指定的分析方法进行准确分析，以判断争议分析结果的可靠性。

第三节　分析化学的发展趋势

分析化学发展至今，经历了三次巨大变革。目前，正处于第三次变革时期。随着生命科学、材料科学、环境科学、能源科学和医疗卫生等领域的发展，由于生物学、信息科学和计算机技术的引入，分析化学进入了一个崭新的境界，向着更高的灵敏度和准确度方向发展，向着更好的选择性和分离手段方向发展，向着更完善可信的形态分析和更小的样品量要求方向发展，向着原位、活体内和实时分析方向发展，向着分析仪器自动化、数字化、智能化及仿生化方向发展。总之，现代科学技术的飞速发展，相邻学科之间的相互渗透，使分析化学正在成为在化学、生物学、物理学、数学、计算机科学、精密仪器制造科学等学科基础上的多学科交叉结合的学科。

同步训练

一、填空题

1. 分析化学是研究物质（　　）的（　　）、（　　）及（　　）的一门科学。

2. 分析化学按分析任务不同分为（　　）、（　　）和（　　），它们的任务分别是（　　）、（　　）和（　　）。

3. 分析化学按分析时所用原理不同分为（　　）和（　　）。

4. 化学分析是利用物质的（　　）性质进行分析的方法。

5. 仪器分析是利用物质的（　　）或（　　）性质进行分析的方法。它主要分为（　　）、（　　）、（　　）和（　　）。

二、单选题

1. 下列方法按任务分类的是（　　）

    A. 无机分析与有机分析　　B. 化学分析与仪器分析

    C. 重量分析与滴定分析　　D. 常量分析与微量分析

    E. 定性分析、定量分析和结构分析

2. 称量 0.5g NaCl 测定其含量应采用（　　）

    A. 微量分析　　　　　　B. 半微量分析　　　　　　C. 重量分析

    D. 常量分析　　　　　　E. 痕量分析

3. 微量分析的取样量为（　　）

    A. $1 \sim 10g$　　　　　　B. $0.1 \sim 1g$　　　　　　C. $0.01 \sim 0.1g$

    D. $0.001 \sim 0.01g$　　　E. $0.0001 \sim 0.01g$

4. 测定微量组分时通常选择哪类方法进行分析（　　）

    A. 化学分析法　　　　　B. 仪器分析法　　　　　　C. 重量分析法

    D. 滴定分析法　　　　　E. 定性分析法

5. 食物中毒的毒物分析哪项是最主要的（　　）

    A. 准确度　　　　　　　B. 灵敏度　　　　　　　　C. 精密度

    D. 简便　　　　　　　　E. 快速

第二章 检验结果的处理

知识要点

有效数字；有效数字修约原则；检验结果的计算；系统误差；随机误差；误差；偏差；准确度与精密度的概念、计算及它们之间的关系；减少测量中系统误差的方法。

定量分析的目的是准确测定试样中被测组分的含量，这就要求检验结果必须具有一定的准确性。在临床检验中，不正确的检验结果会导致错误的病情诊断，直接危及病人的生命安危。因此，在进行定量分析时，不仅要测定被测组分的含量，而且还要对实验数据进行正确的处理，对检验结果做出科学的评价，找出产生误差的原因，采取有效措施减少误差，以提高检验结果的准确性。

第一节 检验数据的处理

在定量分析中，为了得到准确的测量结果，不仅应认真规范地进行检验操作，精确地测量各项数据，还应正确地记录和计算测得数据，正确地表示检验结果，必要时还应对测量数据进行统计处理。因为定量分析结果不仅表示试样中被测组分含量高低或某项物理量的大小，而且还反映了测量结果的准确程度。

一、实验结果的记录

实验记录是出具实验报告的原始依据。为保证实验结果的准确性，实验记录必须真实、完整、规范、清晰。

（一）基本要求

1. 实验者应准备专门的实验记录本，标上页码，不得撕去任何一页。

2. 应清楚、如实、准确地记录实验过程中所发生的重要实验现象、所用的仪器及试剂、主要操作步骤、测量数据及结果。

3. 实验记录应用钢笔、圆珠笔、签字笔等书写，不得用铅笔，不得随意涂改实验记录。如有读错数据、计算错误等需要修改时，应将错误数据用线划去，在旁边重新写上正确数据，并加以说明。

（二）有效数字

有效数字是指在定量分析中能够测量到的，并且有实际意义的数字。它包括所有的准确数字和最后一位可疑数字。

记录测量数据和计算分析结果时，有效数字应保留几位数字，应根据分析方法和使用仪器的准确程度来决定。例如，用万分之一的分析天平称量某物体的质量为 21.6954g，六位有效数字。这一数值中，21.695 是准确的，最后一位"4"存在误差，是可疑数字。根据所用分析天平的准确程度，该试样的质量实际应为（21.6954 ± 0.0001）g。又如，若用 10ml 移液管量取 10ml 某溶液，应记录为 10.00ml，四位有效数字。10.00ml 中，最后一位"0"是不准确的数字，此溶液的体积应为（10.00 ± 0.01）ml。

在确定有效数字的位数时，数字中的"0"有两种作用。在第一个数字（1~9）前的"0"不是有效数字，只是起定位作用；而在数字中间或末尾的"0"是有效数字。

例如：

5.0004、70.203	五位有效数字
0.1000、6.008×10^{-3}	四位有效数字
0.0402、8.05×10^{-3}	三位有效数字
0.0027、0.90	二位有效数字
0.3、0.01	一位有效数字

■ **课堂互动**

判断下列数据各为几位有效数字？

（1）2.087   （2）0.0345

（3）0.00550   （4）20.040

（5）6.8×10^{-3} （6）pH = 5.72

（7）2.01×10^{-3} （8）40.02

（9）0.50   （10）0.0003

注意，变换单位时，有效数字位数不变。例如，20.00ml = 0.02000L。

定量分析中还经常遇到 pH、pK 等对数值，它们的有效数字的位数仅决定于小数点后面数字的位数。例如，pH = 10.25，即 $[H^+]$ = 5.6×10^{-11}mol/L，其有效数字只有两位，而不是四位。

二、测量数据的处理

（一）有效数字的修约

在处理数据时，经常遇到一些准确度不相同的测量数据，按要求应弃去多余的尾数，保留合理的有效数字位数。弃去多余尾数的过程称为"数字修约"。数字修约规则如下：

1. "四舍六入五留双"的原则

当被修约的数字小于或等于 4 时，舍去该数字。当被修约的数字大于或等于 6 时，则进位。当被修约的数字等于 5，且 5 的后面无数字或数字为零时，如 5 的前一位是偶数（包括"0"）5 就舍去，若是奇数就进位；当被修约的数字等于 5，且 5 的后面还有非零数字（1~9）时，则进位。

课堂互动

将下列测量值修约为四位有效数字

3.5324

0.15386

5.1385

8.73450

8.73350

4.52451

---

2. 对修约数字的要求

对原测量值要一次修约到所需位数，不能分次修约。如将 7.548 修约为两位数，不能先修约成 7.55 再修约成 7.6，而应一次修约成 7.5。

（二）数据处理

当得到一组平行测量数据 x_1、x_2……x_n 后，不要急于将其用于检验结果的计算。首先，应剔除由于明显原因（如操作错误）而与其他测定结果相差甚远的那些数据；其次，分析异常值。在定量分析时，得到一组分析数据后，可能有个别数据与其他数据相差较远，这个数据称为可疑值，又称为异常值。若将可疑值按正常值纳入测定结果中，会影响分析结果的准确度。因此，是否保留这一数据，必须通过计算后再决定取舍。常用的检验方法有四倍法和 Q 检验法。

1. 四倍法

（1）除去可疑值外，计算其余数据的算术平均值（$\bar{x}$）及平均偏差（$\bar{d}$）。

（2）按下式计算：

$$\frac{|可疑值 - \bar{x}|}{\bar{d}} \geq 4$$

（3）可疑值的取舍：若计算值 ≥4，可疑值应弃去不用；若计算值 <4，可疑值应保留。

例1 平行测定四次某氯化物样品，其结果为 0.8922、0.8934、0.8938 和 0.8942，

计算可疑值 0.8922 是否应舍弃?

解:$\bar{x} = \dfrac{0.8934 + 0.8938 + 0.8942}{3} = 0.8938$

$$\bar{d} = \dfrac{|x_1 - \bar{x}| + |x_2 - \bar{x}| + |x_3 - \bar{x}|}{n}$$

$$= \dfrac{|0.8934 - 0.8938| + |0.8938 - 0.8938| + |0.8938 - 0.8942|}{3} = 0.00033$$

$$\dfrac{|可疑值 - \bar{x}|}{\bar{d}} = \dfrac{|0.8922 - 0.8938|}{0.00033} = 4.8 \geqslant 4$$

答:因为计算值大于 4,故 0.8922 应舍弃。

2. Q 检验法

(1) 将所有测定数据按递增的顺序排列。

(2) 计算 Q 值:

$$Q_{计算} = \dfrac{|可疑值 - 邻近值|}{最大值 - 最小值}$$

(3) 可疑值的判断:查舍弃商 Q 值表(见表 2 – 1),若 $Q_{计算} \geqslant Q_{表}$,可疑值应弃去不用,反之应保留。

表 2 – 1　舍弃商 Q 值表(置信概率 90%)

测定次数(n)	3	4	5	6	7	8	9	10
$Q_{0.90}$	0.94	0.76	0.64	0.56	0.51	0.47	0.44	0.41

例 2　标定氢氧化钠标准溶液浓度,平行测定四次,其分析结果为 0.1013、0.1014、0.1018 和 0.1015mol/L,问 0.1018 是否应舍弃?

解:按递增的顺序排列:0.1013、0.1014、0.1015、0.1018

$$Q_{计算} = \dfrac{|可疑值 - 邻近值|}{最大值 - 最小值}$$

$$= \dfrac{|0.1018 - 0.1015|}{0.1018 - 0.1013} = 0.60$$

查表 2 – 1 得:n = 4 时,$Q_{表} = 0.76$。

答:因为 $Q_{计算} < Q_{表}$,故 0.1018 数值不应舍弃。

注意:四倍法适用于三次以上的平行测定,而 Q 检验法只适用 n = 3 ~ 10 次的平行测定。但四倍法对精密度要求严格,有时会把有用数据舍弃。当一次舍弃后平行测定数据中还有可疑值时,可依次进行舍弃检验。

三、检验结果的计算

在计算检验结果时,应按照有效数字的运算规则进行,并对计算结果的有效数字合理取舍,才不会影响检验结果的准确度。

1. 加减法

几个数据相加或相减的结果，即和或者差有效数字保留的位数，以原数据小数点后位数最少的数值作为判断的依据。

例如：$0.0312 + 25.31 + 6.89763$，其和有效数字的位数应以 25.31 为依据，保留到小数点后第二位。计算时，先修约成 $0.03 + 25.31 + 6.90$ 再计算其和。

$$0.03 + 25.31 + 6.90 = 32.24$$

2. 乘除法

几个数据相乘或相除的结果，即积或商有效数字保留的位数，以原数据有效数字位数最少的数值作为判断的依据。

例如：$0.0312 \times 25.31 \times 6.89763$，其积有效数字的位数以 0.0312 为依据，保留三位有效数字。计算时，先修约原数据再计算。

$$0.0312 \times 25.3 \times 6.90 = 5.45$$

3. 对数运算

对数值小数点以后的位数与真数值有效数字的位数相等。

例如：$[H^+] = 1.0 \times 10^{-12}$ mol/L，则 $pH = 12.00$。

四、准确度或精密度的表示

取一至二位有效数字表示准确度或精密度。如，$RSD = 0.081\%$。

■ 课堂互动

根据有效数字运算规则计算下列各式结果：

（1）$\dfrac{3.52 \times 4.20 \times 14.03}{5.16 \times 10^3}$

（2）$\dfrac{3.21 \times 22.41 \times 6.30}{0.002210}$

（3）$\dfrac{0.09987 \times 23.15 \times 106.0 \times 10^{-3}}{0.6573}$

（4）$0.008971 + 15.23 - 12.5362$

（5）$231.64 + 4.4 + 0.3244$

第二节 检验结果的评价

在检验工作中，由于分析方法、测量仪器、试剂和检验工作者的主观因素等方面因素的影响，检验结果的测定值与其真实值不完全一致，即使在相同的条件下对同一样品重复测定多次，也不能得到完全相同的结果，这就说明测量误差是客观存在的，并且也是难以避免的。

一、测量误差及其产生的原因

在检验工作中将测量值与真值之差叫做测量误差，简称误差。根据误差的性质和产生的原因，将误差分为系统误差和随机误差。

知识链接

真　值

"真值"是物质的天然属性，本质上无准确值，目前所说的"真值"实际是约定真值，如：原子量、分子量及基准物质的含量等。

（一）系统误差

系统误差（也称可定误差）是由于检验过程中某种固定的原因引起的，在同一条件下重复测定同一试样时重复出现，具有重复性和单向性（正负和大小都固定）。它对检验结果的影响比较固定，并且可以设法减小或校正。系统误差产生的主要原因有以下几个方面：

1. 方法误差

由于分析方法本身的缺陷所引起的误差。例如：滴定分析中，由于滴定终点与化学计量点不完全相符而产生的滴定误差。

2. 仪器误差

由于仪器、量器不够准确所引起的误差。例如：等臂分析天平的两臂长不等；容量瓶、移液管、滴定管等量器刻度不够准确。

3. 试剂误差

由于所用试剂不纯所引起的误差。例如：试剂、蒸馏水中含有微量被测组分。

4. 操作误差

在正规操作情况下，由于操作者主观因素所引起的误差。例如：滴定终点颜色的辨别略微过深或过浅。

（二）随机误差

随机误差（也称不可定误差或偶然误差）是由于检验过程中某些偶然因素所引起的。如测量时温度、湿度、气压、仪器的微小波动，检验人员对相同试样的处理及分析时的微小差别等，这些不确定的因素都会引起随机误差。

随机误差的正负和大小都不固定，在同一条件下重复测定时，不会重复出现，对检验结果的影响也不固定。但随机误差遵从统计规律，在消除系统误差的前提下，随着测定次数的增加，正负误差出现的几率相等，其算术平均值将趋于零。并且，测定次数越多，测定结果的平均值就越接近于真实值。因此，通常采用"多次测定，取平均值"的方法来减少随机误差。

此外，应特别注意，由于检验工作者的粗心大意或不按操作规程操作所产生的错误，不属于误差。例如：溶液溅失、加错试剂、读错刻度、记录和计算错误等，这些都是不应有的过失，这种错误在检验过程中是完全可以避免的。因此，在检验过程中，当出现较大误差时，应查明原因。如果是由于操作过失所引起的错误结果，应将此结果弃去。

二、测量误差的表示方法

（一）准确度与误差

准确度是指测量值与真实值接近的程度。它常用误差来表示。误差又分为绝对误差和相对误差。

绝对误差（E）是指测量值（x）与真实值（T）之差。即

$$E = x - T \qquad\qquad (2-1)$$

相对误差（RE）是指绝对误差（E）所占真实值（T）的百分率。

$$RE = \frac{E}{T} \times 100\% \qquad\qquad (2-2)$$

在检验工作中，误差的大小是衡量准确度高低的尺度。误差越小，表示测量值与真实值越接近，准确度越高。反之，误差越大，准确度越低。

例 3　用万分之一的分析天平称取某试样质量两份，其结果分别是 0.5001g 和 0.0501g，真实值分别是 0.5000g 和 0.0500g，求绝对误差、相对误差。

解：$E = x - T$

$E_1 = 0.5001 - 0.5000 = 0.0001(\text{g})$

$E_2 = 0.0501 - 0.0500 = 0.0001(\text{g})$

$RE = \frac{E}{T} \times 100\%$

$RE_1 = \frac{0.0001}{0.5000} \times 100\% = 0.02\%$

$RE_2 = \frac{0.0001}{0.0500} \times 100\% = 0.2\%$

从上例可知，两份试样质量称量的绝对误差相同，但它们的相对误差并不相同。当被测定的量较大时，相对误差小，测定的准确度较高。反之，当被测定的量较小时，相对误差大，测定的准确度较低。所以，用相对误差表示检验结果的准确度更具有实际意义。

绝对误差和相对误差都有正或负值。正值表示检验结果偏高，即为正误差；负值表示检验结果偏低，即为负误差。

课堂互动

已知滴定管的读数误差为 ±0.02ml，滴定体积分别为 2.00ml、20.00ml 和 40.00ml，求相对误差各是多少？这些数值说明了什么问题？

（二）精密度与偏差

精密度是指在一定的条件下对同一试样进行多次平行测定时所得测定结果之间的符合程度，其表示检验结果的重现性。精密度用偏差表示，偏差又分为标准偏差和相对标准偏差。

1. 标准偏差（s）

标准偏差表示测量值的离散程度，即检验结果分布的宽度。

$$s = \sqrt{\frac{\sum_{i=1}^{n} (x_i - \bar{x})^2}{n-1}} \qquad (2-3)$$

2. 相对标准偏差（RSD）（或称变异系数 CV）

相对标准偏差是标准偏差占平均值的百分率。

$$RSD = \frac{s}{\bar{x}} \times 100\% \qquad (2-4)$$

在检验工作中，偏差的大小是衡量精密度高低的尺度。偏差越小，检验结果的精密度越高。反之，偏差越大，检验结果的精密度越低。

例4 测定某样品中碳酸氢钠含量时，平行测定三次，其测定结果分别为 0.8950、0.8954、0.8948，求平均值、标准偏差、相对标准偏差。

解：$\bar{x} = \dfrac{0.8950 + 0.8954 + 0.8948}{3} = 0.8951$

$$s = \sqrt{\frac{\sum_{i=1}^{n} (x_i - \bar{x})^2}{n-1}} = \sqrt{\frac{(0.8950 - 0.8951)^2 + (0.8954 - 0.8951)^2 + (0.8948 - 0.8951)^2}{3-1}}$$

$$= 0.00031$$

$$RSD = \frac{s}{\bar{x}} \times 100\% = \frac{0.00031}{0.8951} \times 100\% = 0.035\%$$

▌课堂互动

测定某样品含量，三次平行测定的结果分别是 0.3526、0.3525、0.3528，计算这组数据的平均值、标准偏差和相对标准偏差。

知识链接

绝对偏差、平均偏差和相对平均偏差

绝对偏差（d）：测量值（x_i）与平均值（$\bar{x}$）之差。

$$d = x_i - \bar{x}$$

平均偏差（$\bar{d}$）：各单个绝对偏差绝对值之和与测定次数之比。

$$\bar{d} = \frac{|x_1 - \bar{x}| + |x_2 - \bar{x}| + \cdots\cdots + |x_n - \bar{x}|}{n}$$

或

$$\bar{d} = \frac{\sum_{i=1}^{n} |x_i - \bar{x}|}{n}$$

相对平均偏差（$R\bar{d}$）：平均偏差占平均值的百分率。

$$R\bar{d} = \frac{\bar{d}}{\bar{x}} \times 100\%$$

（三）准确度与精密度的关系

虽然准确度与精密度概念不同，但是两者却有密切的关系。准确度是由系统误差和随机误差决定的，而精密度是由随机误差决定的。在检验过程中，虽然有很高的精密度，但并不能说明检验结果准确。只有在消除了系统误差之后，准确度和精密度才是一致的，此时精密度越高，准确度也就越高。例如：用四种方法测定某样品中碳酸氢根的含量（真实含量为 0.5000），每种方法都测定六次，测定结果如图 2－1 所示。

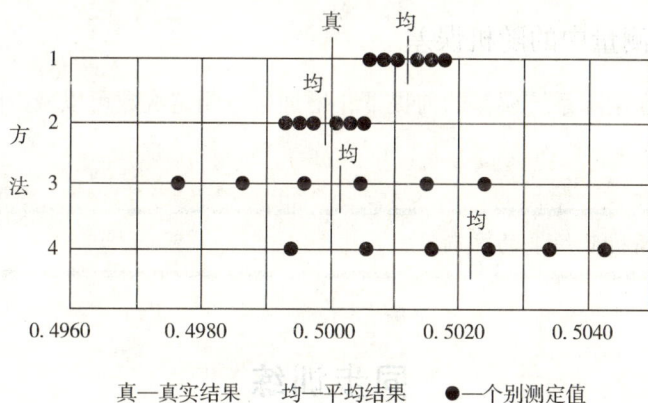

真—真实结果　　均—平均结果　　●—个别测定值

图 2－1　定量分析方法的准确度与精密度的关系

从图 2－1 中可以看出：方法 1 的精密度虽好，却存在系统误差，因而准确度不高，检验结果不准确。方法 2 的准确度和精密度都高，说明系统误差和随机误差都小，检验结果准确可靠。方法 3 精密度不高，虽然平均值接近真值，但各次测量值与真值相差较大，存在较大的误差，这样的检验结果是不可取的。方法 4 准确度和精密度都不高，说明系统误差和随机误差都大，检验结果不准确。

由此可见，精密度差的检验结果，其准确度不可能高，故精密度好是保证准确度高的前提；但精密度高，准确度却不一定高。在消除系统误差的前提下，精密度高，准确度才会高。因此，在定量分析时，必须将系统误差和随机误差的影响综合考虑，才能提高检验结果的准确度。

三、提高检验结果准确度的方法

（一）减少测量中的系统误差

1. 空白试验

空白试验是指在不加试样的条件下，按照与测定试样相同的分析方法、条件、步骤对空白试样进行检验。检验所得结果称为空白值，从试样的检验结果中扣除空白值，就可以消除由试剂、仪器引起的系统误差。

2. 对照试验

对照试验是指用已知准确含量的标准品代替试样，按照与测定试样相同的分析方法、条件、步骤对标准品进行检验，以此对照。对照试验是检查系统误差的有效方法，如检查试剂是否失效、反应条件是否正常、测量方法是否可靠。

3. 校准仪器

校准仪器可以减少仪器误差。例如：砝码、滴定管、移液管、容量瓶等，在使用前必须进行校准，并在计算结果时采用校正值。

4. 严格操作

检验工作者应严格按照规程认真操作，尽量减小主观因素所引起的误差。

（二）减少测量中的随机误差

如前所述，在消除系统误差的前提下，增加平行测定次数可以减少随机误差。

课堂互动

如何提高检验结果的准确度？

同步训练

一、填空题

1. 有效数字包括（　　）和（　　）。

2. 有效数字的修约，采取（　　）的方法。

3. 定量分析的目的是（　　）。

4. 误差有正、负之分，测定值大于真实值时，误差为（　　），表示分析结果（　　）；测定值小于真实值时，误差为（　　），表示分析结果（　　）。

5. 根据误差的性质和产生的原因可将误差分为（　　）和（　　）。

6. 分析结果的准确度常用（　　）表示。

7. 随机误差服从（　　），可以通过增加（　　）次数予以减小，用（　　）表示测定结果。

8. 误差越小，表示分析结果的准确度越（　　）；相反，误差越大，表示分析结果的准确度越（　　）。误差的大小是衡量（　　）的尺度。

9. 精密度用（　　）表示，表现了测定结果的（　　）。（　　）越小说明分析结果的精密度越高，所以（　　）的大小是衡量精密度高低的尺度。

10. 检验和消除系统误差的方法有（　　）、（　　）、（　　）、（　　）。

11. 在消除系统误差的前提下，精密度（　　），准确度才会（　　）。

二、单选题

1. 下列哪种情况可引起系统误差（　　）

    A. 天平零点突然有变动　　　　B. 天平砝码被腐蚀

    C. 操作人员看错滴定管读数　　D. 滴定时从锥形瓶中溅失少许试液

    E. 以上均不属系统误差

2. 由于天平不等臂造成的误差属于（　　）

    A. 方法误差　　　　　　B. 试剂误差　　　　　　C. 仪器误差

    D. 过失误差　　　　　　E. 操作误差

3. 滴定管的读数误差为 ±0.02ml，若滴定时用去滴定液 20.00ml，则相对误差是（　　）

    A. ±1.0%　　　　　　　B. ±0.1%　　　　　　　C. ±0.01%

    D. ±0.001%　　　　　　E. 0.1%

4. 在分析过程中，若加入的试剂含有少量被测物质，所引入的误差应属于（　　）

    A. 偶然误差　　　　　　B. 方法误差　　　　　　C. 试剂误差

    D. 操作误差　　　　　　E. 仪器误差

5. 偶然因素产生的误差不包括（　　）

    A. 温度的变化　　　　　B. 湿度的变化　　　　　C. 气压的变化

    D. 实验方法不当　　　　E. 称量中受到震动

6. 下列哪种情况属于操作误差（　　）

    A. 操作人员看错砝码面值

    B. 溶液溅失

    C. 用铬酸钾指示剂法测定氯化物时，滴定时没有充分振摇使终点提前

    D. 操作者对终点颜色的变化辨别不够敏锐

    E. 加错试剂

7. 减小分析测定中偶然误差的方法是（　　）

    A. 做对照实验　　　　　B. 做空白试验　　　　　C. 校准仪器

    D. 做回收试验　　　　　E. 增加平行测定次数

8. 空白试验是（　　）

    A. 标准溶液＋试剂的试验　　B. 样品溶液＋试剂的试验

C. 溶剂 + 试剂的试验　　　　　D. 只加试剂的试验

E. 对照溶液 + 试剂的试验

三、计算题

测定某样品中氯化钠含量时，平行测定三次，其测定结果为 0.9950、0.9954、0.9948，求平均值、标准偏差和相对标准偏差。

第三章　滴定分析法概论

知识要点

滴定分析法；标准溶液及其浓度的表示方法；滴定；化学计量点；滴定终点；滴定反应条件；基准物质；标准溶液的配制与标定；滴定分析的计算依据；滴定分析计算公式及应用。

滴定分析法（又称容量分析法），是化学分析法中重要的定量分析方法之一。它是将一种已知准确浓度的试剂溶液（称为标准溶液，也称滴定液），滴加到被测物质的溶液中（也可以将被测物质的溶液滴加到标准溶液中），直到两者按反应式的化学计量关系完全反应，根据标准溶液的浓度和所消耗的体积，计算被测组分含量的分析方法。

第一节　滴定分析法的特点、分类及条件

实验演示　准确量取 NaOH 溶液 20.00ml，置于三角烧瓶中，加入甲基橙指示剂 2 滴，将滴定管内 0.1000mol/L 的 HCl 标准溶液滴加到 NaOH 溶液中，如图 3 − 1 所示，直到三角烧瓶内溶液由黄色变为橙色时停止滴定，记录消耗 HCl 标准溶液的体积，根据 HCl 标准溶液的浓度和所消耗的体积，计算 NaOH 溶液的浓度。

反应式　　$NaOH + HCl \longrightarrow NaCl + H_2O$

演示中，标准溶液从滴定管滴加到被测物质溶液中的操作过程称为滴定。当滴加标准溶液的溶质与被测物质按反应式的化学计量关系恰好反应完全时，称反应到达化学计量点。化学计量点通常没有易于观察的任何实验现象，所以，一般是在被测物质溶液中加入指示剂（如甲基橙等），利用指示剂颜色的突变终止滴定，指示剂颜色的变化点称为滴定终点。在滴定分析的实际操作中，滴定终点与化学计量点不一定完全符合，由此引起的误差称为终点误差（又称滴定误差）。

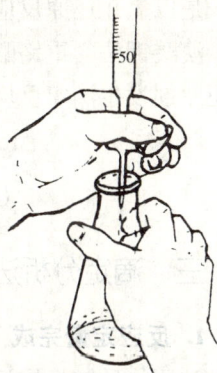

图 3 − 1　滴定操作

一、滴定分析法的特点

滴定分析法多用于常量分析，具有快速、准确（一般情况下，相对误差小于0.2%）、仪器设备简单、操作简便等特点，在生产实践和科学实验中广泛应用。

二、滴定分析法的分类

根据滴定反应类型，滴定分析法分为以下几种：

1. 酸碱滴定法

是以酸碱中和反应为基础的滴定分析方法。主要用于测定酸、酸性物质及碱、碱性物质。

$$H^+ + OH^- \rightleftharpoons H_2O$$

2. 沉淀滴定法

是以沉淀反应为基础的滴定分析方法。在滴定过程中，有沉淀产生，如银量法，主要测定 Cl^-、Br^-、I^-、SCN^-、Ag^+ 等。

$$Ag^+ + X^- \rightleftharpoons AgX \downarrow$$

3. 配位滴定法

是以配位反应为基础的滴定分析方法。主要用于测定金属离子含量。

$$M + Y \rightleftharpoons MY$$

式中，M 代表金属离子，Y 代表配位剂，一般指 EDTA。

4. 氧化还原滴定法

是以氧化还原反应为基础的滴定分析方法。主要有高锰酸钾法、碘量法、亚硝酸钠法、溴酸钾法、重铬酸钾法等。主要用于测定氧化性物质、还原性物质以及能与氧化剂或还原剂发生滴定反应的物质含量。

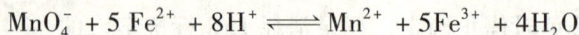

$$MnO_4^- + 5\,Fe^{2+} + 8H^+ \rightleftharpoons Mn^{2+} + 5Fe^{3+} + 4H_2O$$

$$Cr_2O_7^{2-} + 6I^- + 14H^+ \rightleftharpoons 2Cr^{3+} + 3I_2 + 7H_2O$$

三、滴定分析法的基本条件

1. 反应定量完成

被测物质与标准溶液之间的反应按一定的化学反应式进行完全（> 99.9%），无副反应发生。

2. 反应速率快

滴定反应瞬间完成，对于速率慢的反应，可采取适当措施（如加热、加催化剂等），提高其反应速率。

3. 无干扰

被测物质中的杂质不得干扰主反应，否则应将杂质除去。

4. 有确定滴定终点的简便方法

通常借助于指示剂颜色的变化指示滴定终点，也可用电化学分析方法确定滴定终点。

第二节　标准溶液

一、标准溶液浓度的表示方法

（一）物质的量浓度

溶质 B 的物质的量 n_B 除以溶液的体积 V，用符号 c_B 表示，公式为：

$$c_B = \frac{n_B}{V} \tag{3-1}$$

$$又 \because n_B = \frac{m_B}{M_B} \quad \therefore c_B = \frac{m_B}{M_B V} \tag{3-2}$$

在化学和医学上常用单位为 mol/L。如 $c_{HCl} = 1mol/L$，$c_{NaCl} = 0.5mol/L$。

例1　将 3.000g NaCl 溶于水，定容于 500.0 ml 容量瓶中，计算溶液的物质的量浓度。

解：$M_{NaCl} = 58.44g/mol$　$m_{NaCl} = 3.000g$　$V = 500.0ml = 0.5000L$

$$C_{NaCl} = \frac{n_{NaCl}}{V} = \frac{m_{NaCl}}{M_{NaCl}V} = \frac{3.0000}{58.44 \times 0.5000} = 0.1027mol/L$$

答：该溶液物质的量浓度是 0.1027mol/L。

（二）滴定度

实际应用中，为方便计算，常采用滴定度表示溶液的浓度。滴定度有两种表示方法：

1. 每毫升标准溶液中所含溶质的质量。用符号 T_B 表示，单位为 g/ml。

例2　$T_{Na_2CO_3} = 0.003245g/ml$，表示 1ml 碳酸钠溶液中含有 0.003245g Na_2CO_3。

2. 每毫升标准溶液相当于被测物质的质量。用符号 $T_{B/A}$ 表示，单位为 g/ml。

式中 B 表示标准溶液的化学式，A 表示被测物质的化学式。

若已知滴定度，乘以滴定中消耗标准溶液的体积，即可求出被测物质的质量。公式如下：

$$m_A = T_{B/A} \cdot V_B \tag{3-3}$$

例3　$T_{NaOH/HCl} = 0.003245g/ml$，表示用 NaOH 标准溶液滴定 HCl 溶液，1mlNaOH 标准溶液与 0.003245g 的 HCl 完全反应。如果滴定终点时消耗 NaOH 标准溶液 20.00ml，则盐酸溶液中含氯化氢的质量为：

$$m_{HCl} = T_{NaOH/HCl} \cdot V_{NaOH} = 0.003245 \times 20.00 = 0.06490g$$

二、标准溶液的配制方法

（一）直接配制法

精确称取一定质量的基准物质，溶解后，定量转移到容量瓶中，加水稀释至标线并摇匀，根据基准物质的质量和容量瓶的容积，计算该溶液的准确浓度。基准物质必须具备的条件：

1. 物质的组成与其化学式完全相符。
2. 物质的纯度高，一般要求在 0.999（99.9%）以上。
3. 物质的性质稳定，干燥时不分解，称量时不吸水、不吸收二氧化碳等。
4. 物质具有较大的摩尔质量。

课堂互动

基准物质为什么要具有较大的摩尔质量？

知识链接

化学试剂

化学试剂又称化学药品，分为一般试剂、基准试剂、专用试剂和化学危险品等。

1. 一般试剂

分析化学中最普遍使用的化学试剂，其规格按所含杂质不同分为四个等级（见表3-1）。

表3-1　化学试剂的规格

等级	名称	符号	标签标志	适用范围
一级品	优级纯（保证试剂）	G. R	绿色	精密化学分析和研究工作
二级品	分析纯（分析试剂）	A. R	红色	分析实验和研究工作
三级品	化学纯	C. P	蓝色	化学实验
四级品	实验试剂	L. R	棕色	一般化学实验或辅助试剂

在一般分析工作中，通常使用 A. R 级的试剂。

2. 基准试剂

纯度相当于或高于优级纯试剂，可作为滴定分析法的基准物质，也可用于直接法配制标准溶液。

3. 专用试剂

有专门用途的试剂。包括色谱纯试剂、光谱纯试剂等。

4. 化学危险品

指易燃、易爆、腐蚀性、毒性、放射性等物质。

选择试剂时，不要盲目追求高纯度，应根据分析工作的具体情况选择，避免浪费。当然也不能随意降低试剂的规格而影响分析结果的准确度。

（二）间接配制法

许多物质不满足基准物质的条件，不能直接配制成标准溶液，应采用间接法配制。即先配成近似所需浓度的溶液，再用基准物质或另一种标准溶液确定其准确浓度，此操作过程称为标定。

1. 基准物质法

（1）*多次称量法*　精密称取基准物质 2～3 份，分别置于三角烧瓶中，各加入适量蒸馏水将其完全溶解，加入指示剂，再用待标定溶液进行滴定，根据基准物质的质量和消耗待标定溶液的体积，计算出该溶液的准确浓度。

（2）*移液管法*　精密称取基准物质一份，加入适量蒸馏水将其完全溶解后，定量转移至容量瓶中，定容并摇匀。用移液管取该溶液 2～3 份，分别置于三角烧瓶中，用待标定的溶液滴定，计算出该溶液的准确浓度。

2. 比较法

用移液管准确吸取一定体积的待标定溶液 2～3 份，分别置于三角烧瓶中，用标准溶液滴定；或准确吸取一定体积的标准溶液 2～3 份，分别置于三角烧瓶中，用待标定的溶液滴定。根据标准溶液或待标定溶液消耗的体积和标准溶液的浓度，计算待标定溶液的准确浓度。

🔋 **课堂互动**

用比较法和基准物质法标定，哪一种方法准确度高？

第三节　滴定分析的计算

一、滴定分析计算依据

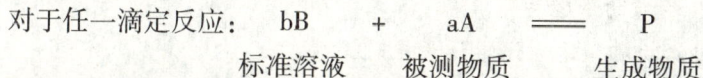

对于任一滴定反应：　　bB　　＋　　aA　====　　P
　　　　　　　　　　标准溶液　　被测物质　　生成物质

当滴定达到化学计量点时，标准溶液与被测物质之间符合如下关系：

$$\frac{n_A}{n_B} = \frac{a}{b} \ 或 \ n_A = \frac{a}{b} n_B \tag{3-4}$$

二、滴定分析计算实例

（一）溶液浓度的计算

例4 用 0.1025mol/L 的 HCl 标准溶液滴定 20.00ml NaOH 溶液，终点时消耗 HCl 标准溶液 21.52ml，计算 NaOH 溶液的浓度。

解：$NaOH + HCl = NaCl + H_2O$

$$\frac{n_{NaOH}}{n_{HCl}} = \frac{1}{1} \qquad \therefore n_{NaOH} = n_{HCl}$$

又 $n_B = c_B V$ $\qquad \therefore c_{NaOH} V_{NaOH} = c_{HCl} V_{HCl}$

$$c_{NaOH} = \frac{c_{HCl} V_{HCl}}{V_{NaOH}} = \frac{0.1025 \times 21.52}{20.00} = 0.1103 mol/L$$

答：NaOH 溶液的物质的量浓度为 0.1103mol/L。

例5 精确称取 0.1219g 无水 Na_2CO_3，加 40ml 蒸馏水溶解后，标定 HCl 溶液。已知终点时消耗 HCl 溶液 21.86ml，计算 HCl 溶液的物质的量浓度。

解：$Na_2CO_3 + 2HCl = 2NaCl + CO_2 \uparrow + H_2O$

$$\because \frac{n_{Na_2CO_3}}{n_{HCl}} = \frac{1}{2} \quad \therefore n_{Na_2CO_3} = \frac{1}{2} n_{HCl}$$

又 $n_{Na_2CO_3} = \frac{m_{Na_2CO_3}}{M_{Na_2CO_3}}$ $\quad n_{HCl} = c_{HCl} V_{HCl}$ $\quad \therefore \frac{m_{Na_2CO_3}}{M_{Na_2CO_3}} = \frac{1}{2} c_{HCl} V_{HCl}$

$$c_{HCl} = \frac{2 m_{Na_2CO_3}}{M_{Na_2CO_3} V_{HCl}} = \frac{2 \times 0.1219}{106.0 \times 21.86} \times 10^3 = 0.1052 mol/L$$

答：HCl 溶液的物质的量浓度为 0.1052 mol/L。

知识链接

相关公式推导

1. 物质的量浓度、体积与物质的量的关系

若被测物质溶液的体积为 V_A，浓度为 c_A，达到化学计量点时，消耗浓度为 c_B 的标准溶液体积为 V_B，则它们之间的物质的量关系为：

$$c_A V_A = \frac{a}{b} c_B V_B \qquad (3-5)$$

2. 物质的质量与物质的量的关系

若被测物质为固体物质，达到化学计量点时，则：

$$\frac{m_A}{M_A} = \frac{a}{b} c_B V_B \text{ 或 } m_A = \frac{a}{b} c_B V_B M_A \qquad (3-6a)$$

滴定分析操作时体积是以毫升为单位，所以，公式（3-6a）可写成：

$$\frac{m_A}{M_A} = \frac{a}{b} c_B V_B \times 10^{-3} \text{ 或 } m_A = \frac{a}{b} c_B V_B M_A \times 10^{-3} \qquad (3-6b)$$

课堂互动

精确称取 0.4042g 基准物质邻苯二甲酸氢钾，溶解后，用于标定 NaOH 溶液，以酚酞作指示剂，终点时消耗 NaOH 溶液 20.45ml，计算 NaOH 溶液的物质的量浓度。

（二）滴定度的计算

例6　用 0.1025mol/L 的 HCl 标准溶液滴定 Na_2CO_3，计算 T_{HCl/Na_2CO_3}。

解：$Na_2CO_3 + 2HCl = 2NaCl + CO_2 \uparrow + H_2O$

$$\because \frac{n_{Na_2CO_3}}{n_{HCl}} = \frac{1}{2} \quad \therefore n_{Na_2CO_3} = \frac{1}{2}n_{HCl}$$

$$n_{HCl} = c_{HCl}V_{HCl} \qquad n_{Na_2CO_3} = \frac{m_{Na_2CO_3}}{M_{Na_2CO_3}} \qquad \therefore m_{Na_2CO_3} = \frac{1}{2}c_{HCl}V_{HCl}M_{Na_2CO_3}$$

$$\text{又 } m_A = T_{B/A} \cdot V_B \quad T_{B/A} = \frac{m_A}{V_B}$$

$$\therefore T_{HCl/Na_2CO_3} = \frac{m_{Na_2CO_3}}{V_{HCl}} = \frac{\frac{1}{2}c_{HCl}V_{HCl}M_{Na_2CO_3}}{V_{HCl} \times 1000} = \frac{\frac{1}{2}c_{HCl}M_{Na_2CO_3}}{1000} = \frac{\frac{1}{2} \times 0.1025 \times 106.0}{1000}$$

$$= 0.005432 \text{g/ml}$$

答：$T_{HCl/Na_2CO_3} = 0.005432$g/ml。

课堂互动

1. c_B 与 $T_{B/A}$ 如何换算？
2. 0.1062mol/L HCl 溶液的 T_{HCl} 是多少？$T_{HCl/NaOH}$ 是多少？

（三）被测物质含量的计算

例7　精确称取溴化钾样品 0.3508g，溶解后用 0.1086 mol/L 的 $AgNO_3$ 标准溶液滴定，终点时消耗 $AgNO_3$ 标准溶液 22.46ml，计算样品中溴化钾的含量。

解：$AgNO_3 + KBr = AgBr \downarrow + KNO_3$

$$n_{KBr} = n_{AgNO_3} \qquad \frac{m_{KBr}}{M_{KBr}} = c_{AgNO_3}V_{AgNO_3} \times 10^{-3}$$

$$\omega_{KBr} = \frac{m_{KBr}}{m_s} = \frac{c_{AgNO_3}V_{AgNO_3} \times 10^{-3} \times M_{KBr}}{m_s} = \frac{0.1086 \times 22.46 \times 10^{-3} \times 119.0}{0.3508}$$

$$= 0.8274$$

在实际应用中，习惯用百分含量表示物质含量，则：

KBr% = 0.8274 × 100% = 82.74%

答：样品中溴化钾的含量为 0.8274 或 82.74%。

被测物质含量的计算

被测样品是固体，其组分的含量通常用质量分数 ω_A 表示。设样品质量为 m_s，

样品中被测组分的纯质量为 m_A，则 $\omega_A = \dfrac{m_A}{m_S}$

$$\because m_A = \frac{a}{b} c_B V_B M_A \times 10^{-3}$$

$$\therefore \omega_A = \frac{a}{b} \times \frac{c_B V_B M_A \times 10^{-3}}{m_S} \tag{3-7}$$

被测样品是液体，其组分的含量通常用质量浓度 ρ_A 表示。

$$\rho_A = \frac{a}{b} \times \frac{c_B V_B M_A}{V_A} \tag{3-8}$$

用滴定度计算被测组分的质量分数

$$\omega_A = \frac{T_{B/A} V_B}{m_S} \tag{3-9}$$

知识链接

百分浓度是指 100g 或 100ml 溶液中所含溶质的质量或体积。

例 8 精确称取维生素 C 原料药 0.2058g，按 2010 版中国药典方法，用 0.05230mol/L 的 I_2 标准溶液滴定，终点时消耗 I_2 标准溶液 20.60ml，计算维生素 C 的含量。

解：

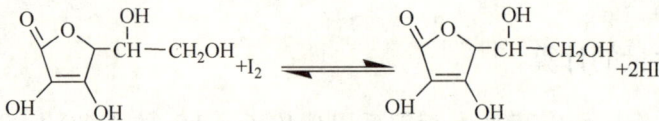

$$n_{维生素C} = n_{I_2} \qquad \frac{m_{维生素C}}{M_{维生素C}} = c_{I_2} V_{I_2} \times 10^{-3} \qquad m_{维生素C} = c_{I_2} V_{I_2} M_{维生素C} \times 10^{-3}$$

$$\omega_{维生素C} = \frac{m_{维生素C}}{m_s} = \frac{c_{I_2} V_{I_2} M_{维生素C} \times 10^{-3}}{m_s} = \frac{0.05230 \times 20.60 \times 176.13 \times 10^{-3}}{0.2058} = 0.9221$$

维生素 C% = 0.9221 × 100% = 92.21%

答：维生素 C 的含量为 0.9221 或 92.21%。

若用 $T_{B/A}$ 乘以标准溶液的体积，计算被测物质含量更简单。

例 9 精确称取苯甲酸 0.2556g，按 2010 版中国药典方法，加中性稀乙醇（对酚酞指示剂显中性）25ml 溶解后，加酚酞指示剂 3 滴，用 0.1012mol/L 的 NaOH 标准溶液滴

定，终点时消耗 NaOH 标准溶液 20.28ml，计算苯甲酸的百分含量。每 1ml 的 0.1000mol/LNaOH 标准溶液相当于 0.01221g 的苯甲酸。

解：

$$\bigcirc\!\!-COOH + NaOH \Longrightarrow \bigcirc\!\!-COONa + H_2O$$

$$\because T_{B/A} = \frac{a}{b} \cdot \frac{c_B M_A}{1000} \quad \therefore \frac{T_{B/A(实际)}}{T_{B/A}} = \frac{c_{B(实际)}}{c_{B(实际)}}$$

$$\because T_{B/A} = \frac{a}{b} \cdot \frac{c_B M_A}{1000} \quad \frac{T_{B/A(实际)}}{T_{B/A(测定)}} = \frac{c_{B(实际)}}{c_{B(实际)}}$$

$$\therefore T_{B/A(实际)} = T_{B/A(测定)} \frac{c_{B(实际)}}{c_{B(测定)}}$$

设 $F = \dfrac{c_{B(实际)}}{c_{B(测定)}}$（换算因素）

$$A\% = \frac{T_{B/A(测定)} \dfrac{c_{B(实际)}}{c_{B(测定)}} V_B}{m_S} \times 100\% = \frac{T_{B/A(测定)} F V_B}{m_S} \times 100\%$$

$$苯甲酸百分含量(\%) = \frac{T_{NaOH/C_7H_6O_2} \dfrac{c_{NaOH(实际)}}{c_{NaOH(测定)}} V_{NaOH}}{m_s} \times 100\%$$

$$= \frac{0.01221 \times \dfrac{0.1012}{0.1000} \times 20.28}{0.2556} \times 100\% = 98.04\%$$

答：苯甲酸的百分含量为 98.04%。

课堂互动

　　精确称取 NaCl 试样 0.1245g，以铬酸钾为指示剂，以 0.1000mol/L AgNO₃ 为标准溶液滴定，终点时消耗 AgNO₃ 溶液 20.06ml，计算 NaCl 百分含量。

第四节　滴定分析常用仪器的使用方法

一、容量瓶

　　容量瓶是用于精确配制和稀释溶液的容器，是一种细长颈的梨形平底玻璃瓶，由无色或棕色玻璃制成，带有磨口玻璃塞或塑料塞，瓶颈上刻有标记体积的环形标线，瓶上标有温度和容量。在指定温度下，当加入溶液至标线时，瓶内溶液的体积和瓶上标示的体积相同。常用的容量瓶规格有 50ml、100ml、250ml、500ml、1000ml 等。

（一）容量瓶使用前的准备

检查容量瓶是否漏水：先向容量瓶内加水至标线，塞紧瓶塞，用干燥滤纸吸干瓶塞周围的水。用一只手的食指按住瓶塞，另一只手托住容量瓶底，将其倒立（瓶口朝下）1~2分钟，用干燥滤纸放在瓶塞周围沾吸。

若无水分，将瓶塞旋转180°后，再次倒立1~2分钟，重复检查是否漏水。两次操作滤纸上都无水分，表明容量瓶可以使用。容量瓶配制溶液时，首先按容量器皿的洗涤方式洗净容量瓶。

（二）容量瓶使用方法

1. 称量（量取）和溶解

如用固体物质配制溶液，先将精确称量的固体放在烧杯中，加入适量蒸馏水使其溶解（若固体难溶于水，可盖上表面皿，稍加热，但必须放冷后才能转移）。如用液体配制溶液，先用移液管准确量取一定体积的液体，置于洁净的容量瓶中。

2. 转移和洗涤

沿玻璃棒将烧杯中溶液定量转移至洁净的容量瓶中，用蒸馏水淋洗玻璃棒和烧杯壁2~3次，按同法转入容量瓶中（如图3-2所示）。

3. 定容

继续向容量瓶中加入蒸馏水，当加水至容量瓶3/4体积时，将容量瓶水平方向摇转几周（勿倒转），使溶液大体混匀。再慢慢加入蒸馏水至距标线1~2cm，等待1~2分钟，使附在瓶颈内壁的溶液流下，用滴管滴加蒸馏水（勿使滴管触及容量瓶内壁）至溶液凹液面底部与标线相切（平视标线），盖好瓶塞。

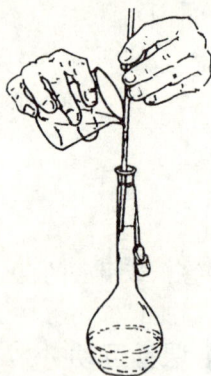

图3-2 定量转移溶液

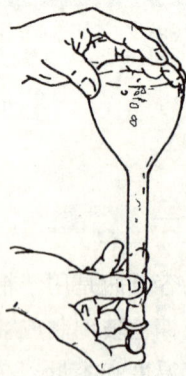

4. 摇匀

用一只手的食指按住瓶塞，另一只手的五指托住瓶底（不要用手掌握住瓶身，以免体温使液体膨胀，影响体积的准确），将容量瓶倒转，反复振摇数次，使溶液混合均匀（如图3-3所示）。

（三）容量瓶使用注意事项

1. 容量瓶必须在常温（20℃时）使用。

2. 容量瓶不能用来溶解固体样品，更不能将玻璃棒伸进容量瓶搅拌。

3. 用于洗涤烧杯的蒸馏水总量不能超过容量瓶的标线，否则，必须重新配制。

4. 容量瓶不能久贮溶液，尤其是碱性溶液侵蚀瓶壁，并使瓶塞粘住，无法打开。

图3-3 容量瓶的摇匀

5. 容量瓶使用完毕，应洗净、晾干。玻璃瓶塞容量瓶应将瓶塞和瓶口用纸条隔开，以免瓶塞和瓶口粘连。

二、移液管

移液管是用于准确移取一定体积溶液的量器。有两种形状，一种是中间有一膨大部分、下端为尖嘴状的细长玻璃管，上端管颈处刻有一环形标线，该标线是所移取准确体积的标志，又称腹式吸管。常用的腹式吸管有 5ml、10ml、25ml 和 50ml 等规格。另一种移液管是具有刻度的直形玻璃管，又称吸量管或刻度吸管。常用的吸量管有 1ml、2ml、5ml 和 10ml 等规格。如图 3 - 4 所示。

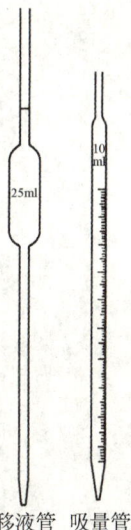

（一）移液管使用前的准备

1. 洗涤

先用自来水洗，再用蒸馏水洗涤，较脏时可用洗涤液或洗液洗涤（为减少污染，尽量不用或少用洗液）。

移液管 吸量管

图 3 - 4 移液管

用右手拇指、中指和无名指握住移液管上端合适位置，食指靠近管上口，小指自然放松；左手拿洗耳球，握在掌中，尖向下，握紧吸耳球，排出球内空气，将洗耳球尖插入移液管上口（不能漏气）。慢慢松开左手手指，将洗涤液缓缓吸入管内至膨大部分一半处，移开吸耳球，迅速用右手食指堵住移液管上口，放平移液管，转动移液管后，将洗涤液从移液管上口倒出。再用自来水洗移液管内、外壁至不挂水珠，最后用蒸馏水洗涤 2 ~ 3 次，自然干燥备用。

2. 润洗

移液管量取溶液前，除洗净外，需用待吸溶液润洗 2 ~ 3 次，以保证溶液的浓度不变。

（二）移液管使用方法

1. 吸取溶液

将用待吸溶液润洗过的移液管插入液面下 1 ~ 2cm 处，用洗耳球按上述操作方法吸取溶液（注意移液管插入溶液不能太深，并要边吸边往下插入，始终保持 1 ~ 2cm 深度）。当液面上升至超过标线 1 ~ 2cm 时，迅速用右手食指堵住管口（此时若溶液下落至标线以下，应重新吸取），将移液管提出液面。如图 3 - 5 （a）所示。

2. 调节液面

略微松开食指（可微微转动移液管），使管内溶液慢慢从下口流出，液面将至标线时，按紧右手食指，停顿片刻，再按上法让溶液慢慢流出，当溶液的弯月面底线与标线相切（平视观察）时，立即用食指按紧管口。然后，将下端尖口处紧靠试剂瓶口（或烧杯）内壁，去掉尖口处的液滴。最后，将移液管小心移至承接溶液的容器中。如图3 - 5 （b）所示。

3. 放出溶液

将移液管直立，接受器倾斜，尖口紧靠接受器内壁，松开食指，让溶液沿接受器内壁流下，管内溶液流完后，保持放液状态 15 秒，移走移液管。如图 3 - 5（c）所示。

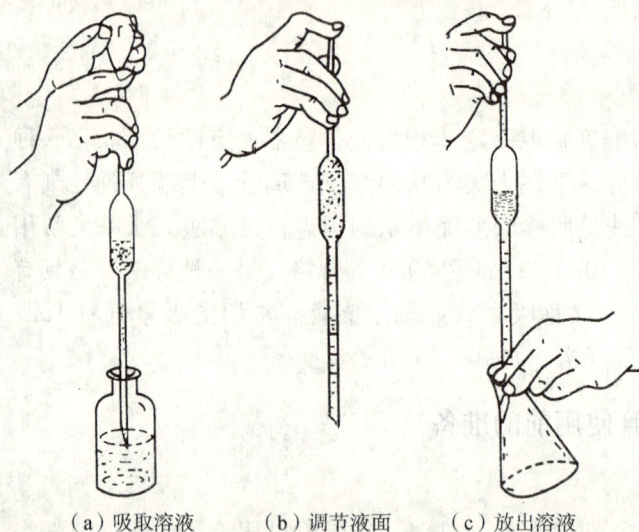

（a）吸取溶液　　（b）调节液面　　（c）放出溶液

图 3 - 5　移液管操作

（三）移液管使用注意事项

1. 移液管不能在烘箱中干燥，不能移取过热或过冷的溶液。

2. 吸有溶液的移液管移动时，必须使移液管保持垂直，不能倾斜。

3. 残留在管尖内壁处的少量溶液，不可用外力使其流出，因校准移液管时，已考虑了尖端内壁处保留溶液的体积（除在管身上标有"吹"字的，可用洗耳球吹出）。

4. 使用吸量管时，为减少测量误差，每次都应以最上面"0"刻度为起始点，向下放出所需体积溶液，而不是需要多少体积就吸取多少体积。同一实验中使用同一支移液管。

5. 移液管使用完毕，立即用自来水和蒸馏水冲洗干净，置于移液管架上。

三、滴定管

滴定管是滴定时用于准确测量流出溶液体积的玻璃量器。分为酸式滴定管和碱式滴定管。经常使用的规格是 25ml 或 50ml 的常量滴定管，最小刻度是 0.1ml，测量体积的最大误差是 ±0.02ml。

酸式滴定管的下端为一玻璃活塞，开启活塞，液体自管内

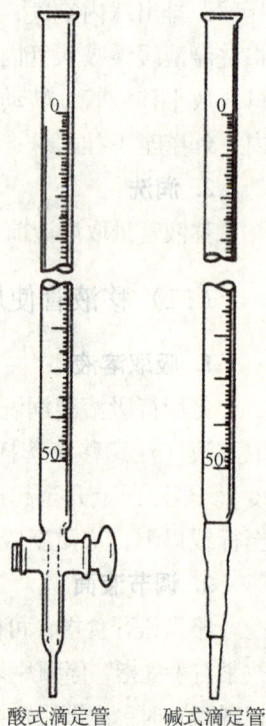

酸式滴定管　　碱式滴定管

图 3 - 6　滴定管

滴出，用来盛放酸、酸性溶液和氧化性溶液。碱式滴定管的下端用乳胶管连接一支带有尖嘴的小玻璃管，用来盛放碱、碱性溶液和无氧化性溶液。如图3－6所示。

（一）滴定管使用前的准备

1. 检漏

向滴定管中加水，检查是否漏液。碱式滴定管漏液应考虑更换玻璃珠或乳胶管或尖嘴玻璃管。

2. 涂油

对于酸式滴定管，若活塞转动不灵活或漏液，先取下活塞，洗净后将活塞和塞槽吹干或用滤纸将水吸干，然后在活塞的两头涂一层很薄的凡士林油（切勿堵住塞孔）。装上活塞并转动，使活塞与塞槽接触处呈透明状态，再装水试验是否漏液。

3. 洗涤和润洗

检查滴定管不漏液后才可进行洗涤，但不宜用刷子刷洗。一般用自来水冲洗或洗液泡洗。其中；酸式滴定管可直接用洗液泡洗，但碱式滴定管需将乳胶管取下，用乳胶头将其下口封住，再用洗液泡洗。

课堂互动

可否用强碱性溶液洗涤滴定管？

切记，洗液泡洗后的滴定管还需用自来水、蒸馏水冲洗干净。最后，为避免滴定管内残留水分改变溶液浓度，一定要用少量待装标准溶液润洗2～3次。

4. 排气泡和调零点

滴定管装满溶液后，检查管下端是否有气泡。酸式滴定管有气泡，可迅速打开活塞排除；碱式滴定管排除气泡，如图3－7所示。酸、碱滴定管排气泡后，须调节标准溶液液面在"0"刻度线。

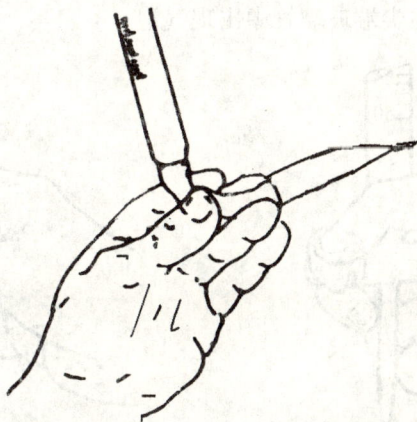

图3－7　碱式滴定管排气泡

（二）滴定管使用方法

1. 读数

滴定管装满或放出溶液后等待 1~2 分钟，待液面稳定后，让滴定管保持垂直，眼睛平视弯月面最低处与刻度线的相切点，再读数。溶液颜色太深时，可读液面两侧的最高点。

注意，读数必须统一标准，25ml 或 50ml 的滴定管读至小数点后两位。若为平行实验，每一次读数都应控制在滴定管的同一读数区间。如图 3-8 和图 3-9 所示。

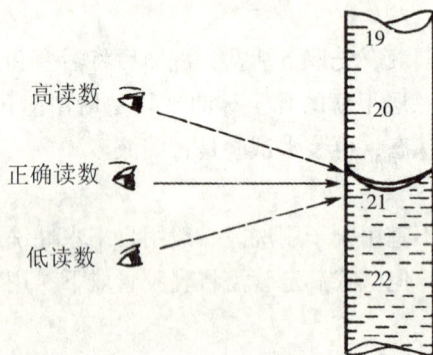

图 3-8　滴定管读数

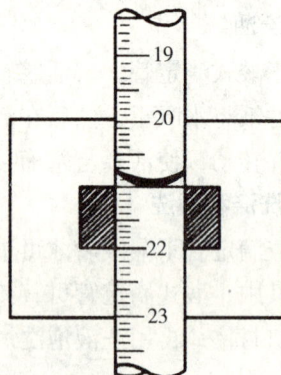

图 3-9　读数纸卡

2. 滴定操作

滴定前，必须将悬在滴定管尖端的残余液滴除去。酸式滴定管和碱式滴定管，均用左手操作。

酸式滴定管活塞的握法如图 3-10 所示。左手拇指在活塞前面，食指和中指在活塞后面，无名指和小手指自然扣向手掌。转动活塞时，手指略弯曲，并向掌心用力（不要用掌心顶住活塞小头）。

碱式滴定管玻璃珠的挤捏方法如图 3-11 所示。左手拇指和食指挤捏玻璃珠外乳胶管，使其形成狭缝（玻璃珠不可移动）。操作时，手要放在玻璃珠的偏上部。如果放在玻璃珠下部，松手后，会在尖端玻璃管中出现气泡。

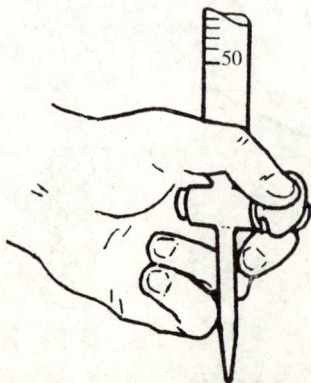

图 3-10　酸式滴定管操作

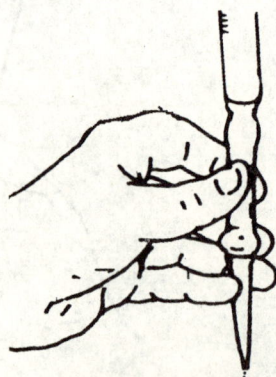

图 3-11　碱式滴定管操作

滴定时，滴定管尖嘴伸入三角烧瓶的深度，以三角烧瓶在滴定台上，略低于瓶口为宜。左手将标准溶液从滴定管中滴入三角烧瓶中，同时右手拇指、食指和中指持三角烧瓶瓶颈，沿一个方向摇动三角烧瓶，边滴边摇，使滴定反应完全。

如需要在烧杯中滴定，烧杯放在滴定台上，将滴定管伸入烧杯约1cm并位于烧杯左侧（但不要接触烧杯壁），右手持玻璃棒以同一圆周方向搅拌溶液。

开始滴定时，滴定速度可以快些，每秒滴下3~4滴标准溶液，但近终点时，须用少量蒸馏水绕圈冲洗三角烧瓶内壁，将沾在瓶壁上的溶液冲下，且滴定速度一定要放慢，甚至每次滴加一滴或半滴，在不断摇动下直至滴定终点。

（三）滴定管使用后的处理

滴定管使用完毕，将其剩余溶液弃之，用自来水清洗数次，再将蒸馏水充满滴定管，在上口盖上滴定管帽或小烧杯，或用蒸馏水洗净后倒置于滴定管架上，注意保持管口和管尖的清洁。

四、分析天平

分析天平是定量分析中最常用的精密仪器（其精度分度值达到0.1mg的称为万分之一天平）。目前，常用的分析天平是双盘全机械加码电光天平和电子天平。

（一）分析天平的使用方法

1. 双盘全机械加码电光天平

（1）称量原理 双盘全机械加码电光天平是按杠杆原理设计的双盘等臂式机械天平。主要结构包括天平梁、天平柱、机械加码装置、光学投影装置和天平箱。如图3-12所示。

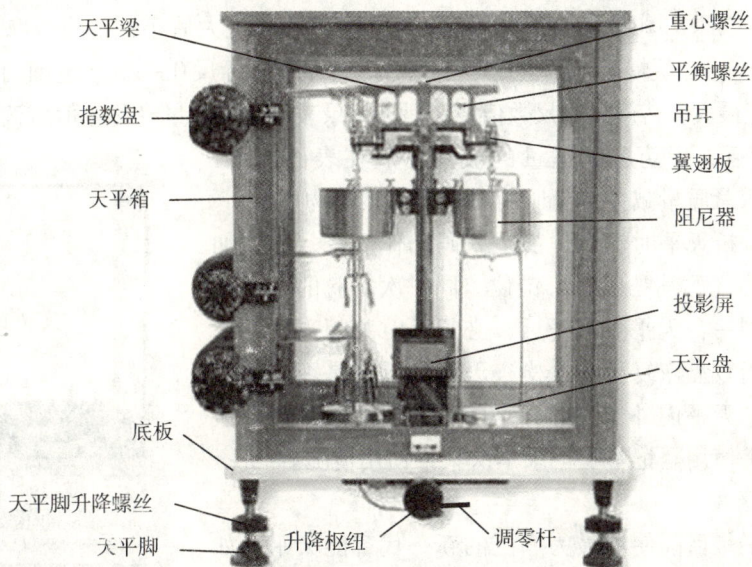

图3-12 双盘全机械加码电光天平

分析天平使用注意事项

天平梁上装有三个三棱形的玛瑙刀：一个支点刀或中刀（位于梁中央，刀口向下）和两个承重刀或边刀（位于梁两端，刀口向上），两个承重刀分别到支点刀的距离相等。玛瑙刀是保证分析天平称量准确的关键部件，所以，使用分析天平时，要特别注意保护玛瑙刀口，尽量减少对刀口的磨损。

使用天平要先检查天平各部件是否处于正常位置，是否清洁，干燥剂是否失效等。还要观察天平后部水平仪内的水泡是否位于圆环中央，若水泡不在圆环中央，需通过天平脚调节，使天平水平。

检查并调节天平零点（天平空载时的平衡点）。在天平两盘空载时，轻轻启动天平，观察投影屏上的读数标线与微分标尺上的"0"刻度线是否重合。底座下面的调零杆可以微调天平零点，若相差较大，左右移动天平梁上两侧孔中的平衡螺丝，可以粗调节天平零点。

除此之外，上下移动天平梁背面螺杆上的重心调节螺丝，可以改变天平的灵敏性和稳定性。

天平柱上的升降枢纽是用来启动和休止天平的装置，顺时针旋转升降枢纽，天平被启动（打开），逆时针旋转升降枢纽天平被休止（关闭）。

机械加码装置分有 $1 \sim 9g$、$10 \sim 190g$ 可旋转指数盘加减砝码，$10 \sim 990mg$ 可旋转指数盘加减圈码。$0.1 \sim 10mg$ 则由投影屏标尺读出。

(2) 使用方法　调节分析天平零点后，取一洁净干燥的表面皿，先用托盘天平粗称其质量（准确到 $0.1g$），记在记录本上，再用分析天平精确称量。将表面皿置于天平右盘中央，左盘加砝码、圈码，半启动升降枢纽试称（按"先大后小，中间截取"的原则试加砝码），直至指针缓慢摆动，且投影屏上的标线在微分标尺 $0 \sim 10mg$ 范围内。将升降枢纽顺时针旋至最大，待微分标尺数值稳定后，记录表面皿的质量（称量值应读准至小数点后四位）。然后，用药匙取适量的被称物放在表面皿上，称出总质量，总质量减去表面皿的质量，即被称物质量。

在使用分析天平时注意，加减砝码动作要轻，逐档加减，以免砝码（尤其是环码）错位。同一次实验的所有称量必须使用同一台天平。称量后，必须及时关闭天平，取出被称物，指数盘恢复至零，检查天平各部件是否均处正常位置。清洁天平内外，关好天平门，切断电源，罩上天平罩，在天平使用登记本上记录本次天平使用情况。

2. 电子天平

电子天平是目前使用最为广泛的新一代智能天平。如图3-13所示。它是利用电磁力或电磁力矩平衡原理直接称量，称量不需要砝码，将被称物放到天平上，几秒钟内

图3-13　电子天平

即可达到平衡显示读数，具有称量速度快、准确度高、精密度高等特点。电子天平一般都装有微处理器，有数字显示、自动校准、自动清零、扣除皮重、超载显示、自动报警和输出打印等功能，有的甚至还有数据贮存和处理功能。目前，市场上除众多的国产品牌外，还有来自国外的不同型号电子天平。不同型号的电子天平，操作方式不同，但大都遵循如下基本步骤：

（1）检查天平水平　　开机前，观察天平后部水平仪内的水泡是否位于圆环中央，若天平不水平需调节水平调节螺旋至水泡位于圆环中央。

（2）预热　　天平在初次接通电源或长时间断电后开机，至少预热30分钟，当显示器出现提示符号（不同型号符号不一样）时，准备完毕。

（3）自检　　按下开关键，接通显示器，等待仪器自检。当显示器显示"0"，或左下角出现标志符号时，自检过程结束，天平可以进行称量。

（4）称量　　放称量器皿于天平盘中央，关好边门，按去皮键，待显示器显示"0"和或标志符号时，在称量器皿上放入被称物称量。称量完毕，按开关键关闭显示器，天平处于待机状态。若一个月以上不使用，应切断电源。

具体、正确的操作方法详见电子天平使用说明书。

（二）分析天平的称量方法

1. 直接称量法

将被称物放在已知质量的洁净、干燥的表面皿上，直接称取质量。适用于在空气中没有吸湿性的试样或金属、合金等物质的称量。

2. 减量称量法

减重称量法是定量分析中最常用的一种称量方法，将被称物放在洁净、干燥的称量瓶（如图3-14）中，通过两次称量之差求得被称物的质量（如图3-15所示）。所以，不需要调节天平的零点，可连续称取多份试样，相对节省时间。该法称出的样品质量不要求是固定值，只需在要求的范围内即可。易吸水、易氧化、易与二氧化碳反应的物质必须用该法称量。

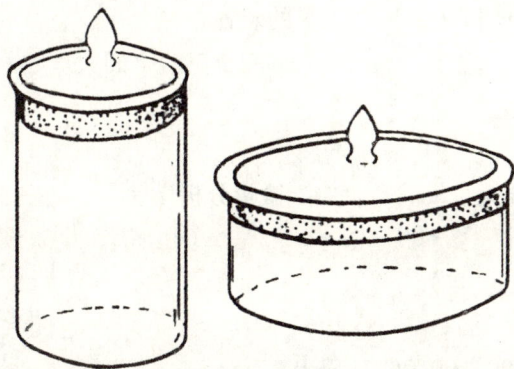

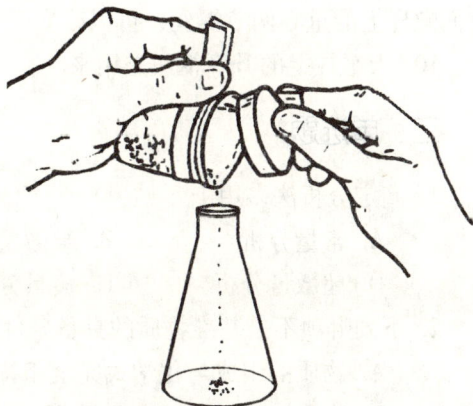

图3-14　称量瓶　　　　　　　　　　　图3-15　倾倒试样的操作

3. 指定质量称量法（固定质量称量法）

称取指定质量被称物的称量方法。在定量分析中，如果是用直接法配制指定浓度的标准溶液时，常采用该法，以洁净、干燥的表面皿或小烧杯称取粉末状基准物质。

三种称量方法，都需要先在托盘天平上粗称，再在分析天平精确称量。

同步训练

一、填空题

1. 已知准确浓度的溶液，称为（　　），也称（　　）。标准溶液从（　　）滴加到（　　）的操作过程称为滴定。利用指示剂（　　）的突变终止滴定。

2. 标准溶液的溶质与待测物质按（　　）的化学计量关系（　　）时，称为（　　）计量点。（　　）称为滴定终点。（　　）与（　　）不一定完全符合，由此引起的（　　）称为终点误差，也称（　　）。滴定分析中，一般情况下，相对误差小于（　　）。

3. 根据滴定反应类型，滴定分析法可以分为（　　）、（　　）、（　　）、（　　）。

4. 每毫升标准溶液中所含溶质的质量，用符号（　　）表示，单位为（　　）。$T_{NaOH/HCl} = 0.003245 g/ml$，表示用 1ml（　　）标准溶液与 0.003245g 的（　　）完全反应。

5. 标准溶液的配制方法有（　　）和（　　）。

6. 化学试剂分为（　　）、（　　）、（　　）、（　　）等。

7. 滴定管分为（　　）和（　　）。

8. 双盘全机械加码电光天平是按（　　）设计的双盘等臂式机械天平，主要结构包括（　　）、（　　）、（　　）、（　　）和（　　）。

9. 左右移动（　　）上两侧孔中的（　　），可以调节天平零点。上下移动天平梁背面螺杆上的重心调节螺丝，可以改变天平的（　　）和（　　）。

10. 天平柱上的升降枢纽是用来（　　）和（　　）天平的装置。

二、单选题

1. 滴定分析法多用于（　　）
   A. 常量分析　　　B. 半微量分析　　　C. 微量分析
   D. 超微量分析　　E. 痕量分析

2. 下列哪项不是基准物质的具备条件（　　）
   A. 物质的组成与化学式完全相符
   B. 物质的纯度高，一般要求在 0.999（99.9%）以上
   C. 具有较小的摩尔质量

　　D. 干燥时不分解

　　E. 称量时不吸水、不吸收二氧化碳等

3. 万分之一的分析天平，其精度分度值达到（　　）

　　A. 1 mg　　　　　　B. 0.1mg　　　　　　　C. 0.01 mg

　　D. 0.001 mg　　　　E. 0.0001 mg

4. 下列哪种仪器不能精确量取液体体积（　　）

　　A. 移液管　　　　　B. 吸量管　　　　　　　C. 腹式吸管

　　D. 滴定管　　　　　E. 量筒

5. 分析实验和研究工作中，分析纯化学试剂的标签标志是（　　）

　　A. 红色　　　　　　B. 蓝色　　　　　　　　C. 绿色

　　D. 黄色　　　　　　E. 橙色

三、计算题

　　1. 用 0.1023 mol/L 的 HCl 标准溶液滴定 19.98ml NaOH 溶液，终点时消耗 HCl 标准溶液 21.60ml，计算 NaOH 溶液的浓度。

　　2. 精确称取 0.1216g 无水 Na_2CO_3，加 40ml 蒸馏水溶解后，用来标定 HCl 溶液。已知终点时消耗 HCl 溶液 21.64ml，计算 HCl 溶液的物质的量浓度。

　　3. 用 0.1029mol/L 的 HCl 标准溶液滴定 NaOH，计算 $T_{HCl/NaOH}$。

第四章　酸碱滴定法

■ 知识要点

> 酸碱指示剂的变色原理和变色范围；影响酸碱指示剂变色范围的因素；选择指示剂的原则；滴定突跃；滴定突跃范围及其影响因素；盐酸和氢氧化钠标准溶液的配制与标定。

酸碱滴定法是以酸碱中和反应为基础的滴定分析方法。其反应实质为：

$$H^+ + OH^- \rightleftharpoons H_2O$$

一般酸、碱以及能与酸、碱直接或间接发生反应的物质，可以用酸碱滴定法测定。由于酸碱滴定法简单、方便，因此是应用十分广泛的测定方法之一。

第一节　酸碱指示剂

一、酸碱指示剂的变色原理

酸碱指示剂是指能随着溶液 pH 的变化而改变颜色，从而指示滴定终点的物质。它通常是一些结构比较复杂的有机弱酸或弱碱，其共轭酸碱对具有不同的结构和颜色。当溶液 pH 值改变时，其结构发生变化，从而引起指示剂颜色的转变。

知识链接

酸碱指示剂的发现

三百多年前，英国科学家波义耳做实验时，把盐酸溅到了紫罗兰鲜花上，为洗掉花上的酸沫，他把花放到水里，发现紫罗兰颜色变红了，为进一步验证这一现象，他选取当时已知的几种酸的稀溶液，把紫罗兰花瓣分别放入这些稀酸中，结果紫罗兰都变为红色。后来，他还采集了许多花草、苔藓、树皮和各种植物的根，泡出了多种颜色的不同浸液，有些浸液遇酸变色，有些浸液遇碱变色。他从石蕊苔藓中提取的紫色浸液，酸能使它变红色，碱能使它变蓝色，这就是最早的石蕊试液，波义耳称它为指示剂。

现以弱酸型指示剂酚酞（HIn）为例说明酸碱指示剂的变色原理。

弱酸型指示剂（HIn）在溶液中存在下列平衡：

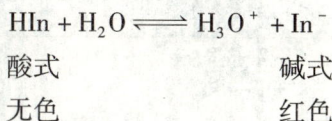

$$HIn + H_2O \Longrightarrow H_3O^+ + In^-$$

酸式 　　　　　　碱式

无色 　　　　　　红色

由上式可知，当H^+浓度增大时，平衡向左移动，酚酞主要以酸式结构存在，呈无色；当OH^-浓度增大时，平衡向右移动，酚酞主要以碱式结构存在，呈红色。

二、酸碱指示剂的变色范围

以弱酸型指示剂为例：

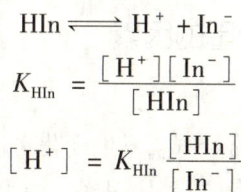

$$HIn \Longrightarrow H^+ + In^-$$

$$K_{HIn} = \frac{[H^+][In^-]}{[HIn]}$$

$$[H^+] = K_{HIn}\frac{[HIn]}{[In^-]}$$

当$\frac{[In^-]}{[HIn]} = 1$时，两者浓度相等，溶液表现出酸式色和碱式色的中间颜色，此时$[H^+] = K_{HIn}$，$pH = pK_{HIn}$，称为指示剂的理论变色点。

通常当溶液中同时存在两种不同颜色时，两种颜色浓度的比值相差10倍或10倍以上，才能看到浓度大的颜色。即：

$\frac{[In^-]}{[HIn]} \geq \frac{10}{1}$时，$pH \geq pK_{HIn} + 1$，观察到的是$In^-$的颜色。

$\frac{[In^-]}{[HIn]} \leq \frac{1}{10}$时，$pH \leq pK_{HIn} - 1$，观察到的是$HIn$的颜色。

由上述讨论可知，当溶液pH值在$(pK_{HIn} + 1)$～$(pK_{HIn} - 1)$之间改变时，能明显地观察到指示剂由一种颜色转变成另一种颜色，因此理论上把$pH = pK_{HIn} \pm 1$称为指示剂的变色范围。

▌ 课堂互动

酚酞指示剂（$K_{HIn} = 1.0 \times 10^{-9}$）的理论变色范围是（　　）

A. 7.0~8.0　B. 7.0~9.0　C. 7.0~10.0　D. 8.0~10.0　E. 9.0~10.0

指示剂的理论变色范围为两个pH单位。但实际测得大多数指示剂的变化范围并不都是两个pH单位，且指示剂的理论变色点也不是变色范围的中间点。这是由于人们对不同颜色的敏感程度的差别造成的（见表4-1）。

表 4 – 1　常用的酸碱指示剂

指示剂	pK_{HIn}	pH 变色范围	颜　色		
			酸式色	过渡色	碱式色
百里酚蓝	1.7	1.2 ~ 2.8	红	橙	黄
甲基橙	3.4	3.1 ~ 4.4	红	橙	黄
溴甲酚绿	4.9	3.8 ~ 5.4	黄	绿	蓝
溴酚蓝	4.1	3.1 ~ 4.6	黄	蓝紫	紫
甲基红	5.2	4.4 ~ 6.2	红	~ 橙	黄
溴百里酚蓝	7.3	6.0 ~ 7.6	黄	绿	蓝
酚酞	9.1	8.0 ~ 9.6	无红	粉红	红
百里酚酞	10.0	9.4 ~ 10.6	无	淡黄	蓝

三、影响酸碱指示剂变色范围的因素

1. 温度

温度的变化会引起指示剂解离常数 K_{HIn} 发生变化，因而指示剂的变色范围亦随之改变。例如 18℃时，甲基橙的变色范围为 3.1 ~ 4.4，而 100℃时，则为 2.5 ~ 3.7。

2. 溶剂

指示剂在不同溶剂中的 K_{HIn} 不同，故变色范围也不同。例如，甲基橙在水溶液中 pK_{HIn} 为 3.4，在甲醇中 pK_{HIn} 则为 3.8。

3. 指示剂的用量

由于指示剂本身为弱酸或弱碱，用量大时终点颜色变化不敏锐，并会消耗部分标准溶液或被测物质，导致误差增大；但指示剂也不能太少，否则颜色太浅，不易观察到颜色的变化。通常每 10ml 溶液加 1 ~ 2 滴指示剂。

4. 滴定程序

由浅色变为深色或无色变为有色时，肉眼容易辨别，因此指示剂的变色最好由浅色变为深色或无色变为有色。例如，用 NaOH 标准溶液滴定 HCl 溶液时，选用酚酞指示剂，终点由无色变为红色，变化明显，易于辨认；若用甲基橙作指示剂，终点由红色变为黄色，变色不太明显，标准溶液易滴过量。当用 HCl 标准溶液滴定 NaOH 溶液时，则宜选用甲基橙作指示剂。

■ 课堂互动

何谓酸碱指示剂的变色范围？变色范围受哪些因素影响？

第二节　酸碱滴定曲线和指示剂的选择

酸碱滴定的关键是待测物质能否被准确滴定，这就要求选择合适的指示剂指示滴定终点的到达。不同的指示剂有不同的变色范围，因此必须了解滴定过程中，尤其是化学

计量点前后 ± 0.1% 的相对误差范围内溶液 pH 值的变化情况，只有在此范围内发生颜色变化的指示剂，才能用来确定滴定终点。为了更好地描述滴定过程中溶液 pH 值的变化情况，常以所加标准溶液的体积为横坐标，以相应溶液的 pH 值为纵坐标作图，得到的曲线称为酸碱滴定曲线，它不仅能从理论上很好地描述滴定过程中溶液 pH 值的变化规律，而且对指示剂的选择也具有一定的指导意义。

不同类型的酸碱滴定过程中，pH 值的变化特点、滴定曲线的形状和指示剂的选择都有所不同，下面分别予以讨论。

一、强碱与强酸的滴定

以 0.1000mol/L NaOH 标准溶液滴定 20.00ml 0.1000mol/L HCl 溶液为例，说明强碱强酸滴定过程中溶液 pH 值的变化情况。

1. 滴定开始前

溶液的 pH 值取决于 HCl 溶液的初始浓度：$[H^+] = 0.1000$ mol/L，pH = 1.00。

2. 滴定开始至化学计量点前

溶液的 pH 值取决于剩余 HCl 物质的量。例如，当加入 18.00 ml NaOH 标准溶液时，$[H^+] = \dfrac{2.00 \times 0.1000}{20.00 + 18.00} = 5.26 \times 10^{-3}$ mol/L，pH = 2.28。当加入 19.98 ml NaOH 标准溶液时，$[H^+] = \dfrac{0.02 \times 0.1000}{20.00 + 19.98} = 5.00 \times 10^{-5}$ mol/L，pH = 4.30。

3. 化学计量点

加入了 20.00 ml NaOH 标准溶液，中和反应进行完全，生成 NaCl 和 H_2O，溶液呈中性。$[H^+] = 1.00 \times 10^{-7}$ mol/L，pH = 7.00。

4. 化学计量点后

溶液的 pH 值取决于过量的 NaOH 物质的量。例如，当加入 NaOH 标准溶液 20.02ml 时，$[OH^-] = \dfrac{0.02 \times 0.1000}{20.00 + 20.02} = 5.00 \times 10^{-5}$ mol/L，pOH = 4.30，pH = 9.70。

如此逐一计算，把计算所得结果列于表 4 - 2 中。如果以 NaOH 标准溶液的加入量为横坐标，对应溶液的 pH 值为纵坐标，绘制曲线，则得图 4 - 1 所示的滴定曲线。

表 4 - 2 NaOH 标准溶液 (0.1000 mol/L) 滴定 HCl (0.1000 mol/L) 溶液 pH 的变化情况

NaOH 标准溶液加入量		溶液中 $[H^+]$ 或 $[OH^-]$ (mol/L)	pH 值
%	ml		
0	0	$[H^+] = 1.0 \times 10^{-1}$	1.00
90.0	18.00	$[H^+] = 5.3 \times 10^{-3}$	2.30
99.0	19.80	$[H^+] = 5.0 \times 10^{-4}$	3.30
99.9	19.98	$[H^+] = 5.0 \times 10^{-5}$	4.30
100.0	20.00	$[H^+] = 1.0 \times 10^{-7}$	7.00
100.1	20.02	$[OH^-] = 5.0 \times 10^{-5}$	9.70
101.0	20.20	$[OH^-] = 5.0 \times 10^{-4}$	10.70

从图 4 – 1 可以看出，滴定开始到加入 NaOH 标准溶液 19.98ml，溶液的 pH 值从 1.00 增加到 4.30，仅改变了 3.30 个 pH 单位，所以此段曲线比较平坦。

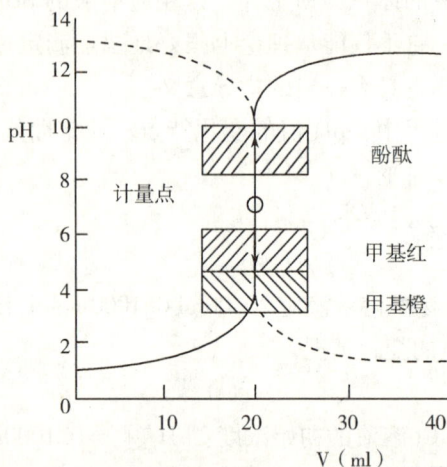

图 4 – 1 强酸强碱的滴定曲线

NaOH 标准溶液加入 19.98ml 到 20.02ml，加入 NaOH 的体积差仅为 0.04 ml（1 滴左右标准溶液），而溶液的 pH 值却从 4.30 突然升高到 9.70，增加 5.4 个 pH 单位。这种化学计量点附近溶液 pH 值的突变，称为滴定突跃，滴定突跃所在的 pH 值范围称滴定突跃范围。强碱滴定强酸的突跃范围很大（4.30 ~ 9.70），在滴定曲线上近乎垂线。

化学计量点后继续滴加 NaOH 标准溶液，溶液 pH 变化又比较缓慢，曲线形状再次趋于平坦。

■ 课堂互动

什么是滴定突跃、滴定突跃范围？影响滴定突跃范围大小的因素有哪些？

如果上述滴定反过来进行，即用 0.1000 mol/L HCl 标准溶液滴定 20.00ml 0.1000 mol/L NaOH 溶液时，将得到一条与上述滴定曲线的形状相同但位置对称的滴定曲线，如图 4 – 1 中虚线所示。

滴定突跃范围具有重要的实际意义，是选择指示剂的依据。在酸碱滴定中，选择指示剂的原则是指示剂的变色范围全部或部分处于滴定突跃范围之内。上述 0.1mol/L NaOH标准溶液滴定 0.1mol/L HCl 溶液突跃范围在 4.30 ~ 9.70，可选用甲基橙、甲基红、酚酞等指示剂确定滴定终点，其中酚酞指示剂最佳。

以上讨论的是 0.1mol/L NaOH 标准溶液滴定 0.1mol/L HCl 溶液的情况。如果溶液浓度改变，滴定突跃范围也会随之改变（如图 4 – 2 所示），酸碱溶液浓度越大，滴定突跃范围越宽，指示剂的选择也就越方便。浓度越小，滴定突跃范围越窄，指示剂的选择就越受到限制。

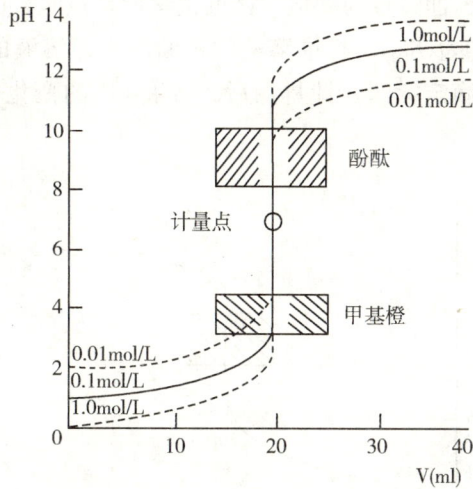

图 4 - 2　不同浓度的 NaOH 溶液滴定相应浓度 HCl 溶液的滴定曲线

二、强碱滴定弱酸

以 0.1000mol/L NaOH 标准溶液滴定 20.00ml 0.1000mol/L HAc 溶液为例进行讨论。滴定反应为：

$$HAc + OH^- \rightleftharpoons Ac^- + H_2O$$

滴定过程与强碱滴定强酸相同，同样分为滴定开始前、滴定开始到化学计量点前、化学计量点以及化学计量点后，选择一些具有代表意义的点逐一计算其 pH 值，所得数据列于表 4 - 3 中，根据计算结果绘制滴定曲线，如图 4 - 3 所示。

表 4 - 3　用 0.1000mol/L NaOH 标准溶液滴定 20.00ml 0.1000mol/L HAc 溶液 pH 的变化情况

NaOH 标准溶液加入量		剩余 HAc 溶液（ml）	过量 NaOH 溶液（ml）	pH 值
%	ml			
0.00	0.00	20.00		2.87
90.00	18.00	2.00		5.70
99.00	19.80	0.20		6.74
99.90	19.98	0.02		7.75
100.00	20.00	0.00		8.72
100.1	20.02		0.02	9.70
100.10	20.20		0.20	10.70
110.00	22.00		2.00	11.70

从图 4 - 3 可看出，由于 HAc 是弱酸，滴定开始前溶液中 [H$^+$] 较低，pH 值较 NaOH 滴定 HCl 时高，为 2.87。滴定开始后，由于 NaAc 不断产生，形成 HAc - NaAc 缓

冲体系，pH 值增加较慢，曲线较为平坦。接近化学计量点时，由于剩余的 HAc 浓度已很少，缓冲能力减弱，随着 NaOH 标准溶液的不断滴入，溶液的 pH 值升高逐渐变快，在化学计量点附近出现滴定突跃。计量点后，溶液 pH 的变化与 NaOH 标准溶液滴定 HCl 溶液相同。

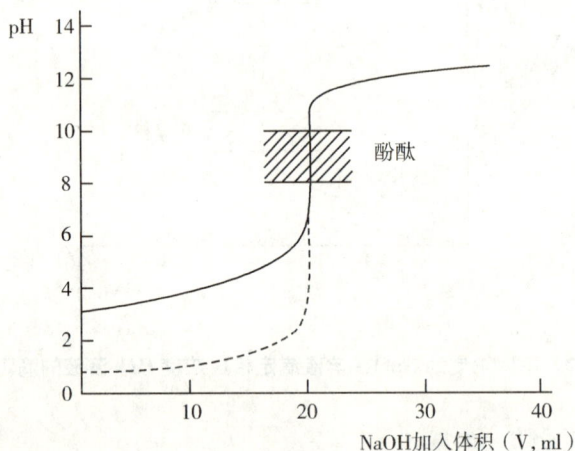

图 4 – 3　NaOH 溶液（0.1000 mol/L）滴定 HAc 溶液（0.1000 mol/L ）的滴定曲线

上例滴定 pH 值突跃范围为 7.75 ~ 9.70，应选择在碱性范围变色的指示剂，如酚酞、百里酚酞等。

与强酸强碱间的滴定类似，强碱滴定弱酸的滴定突跃范围与溶液浓度有关。浓度越大，滴定突跃范围越大。

除了浓度影响滴定突跃范围外，弱酸的强度也影响突跃范围的大小（如图 4 – 4 所示）。浓度相同而强度不同的弱酸，酸的解离常数 K_a 越大，滴定突跃范围越大，反之则越小。当弱酸的 $K_a \leqslant 10^{-9}$ 时，其滴定突跃已不明显，无法用一般的指示剂确定滴定终点。只有当弱酸的 $c \cdot K_a \geqslant 10^{-8}$ 时，才有明显的滴定突跃，才能用强碱准确滴定弱酸。

三、强酸滴定弱碱

以 HCl 标准溶液滴定 $NH_3 \cdot H_2O$ 溶液为例，滴定曲线的变化与 NaOH 标准溶液滴定 HAc 溶液相反。滴定反应为：

$$NH_3 + HCl \Longleftrightarrow NH_4^+ + Cl^-$$

到达化学计量点时生成 NH_4^+，由于它是弱酸，在水溶液中解离产生一定数量的 H^+，$NH_4^+ + H_2O \Longleftrightarrow H_3O^+ + NH_3$，使溶液显微酸性，化学计量点附近的 pH 突跃也在酸性范围内。如果用 0.1 mol/L HCl 溶液滴定 0.1 mol/L $NH_3 \cdot H_2O$ 溶液，滴定突跃范围为 6.34 ~ 4.30，可选用甲基红、溴甲酚绿作指示剂。同样，对于弱碱，只有当 $c \cdot K_b \geqslant 10^{-8}$ 时，才能用酸标准溶液直接滴定。

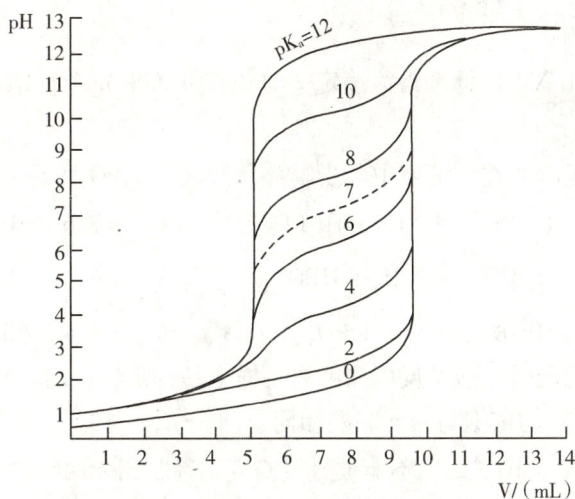

图 4 – 4　NaOH 溶液（0.1000 mol/L）滴定不同强度酸溶液（0.1000 mol/L）的滴定曲线

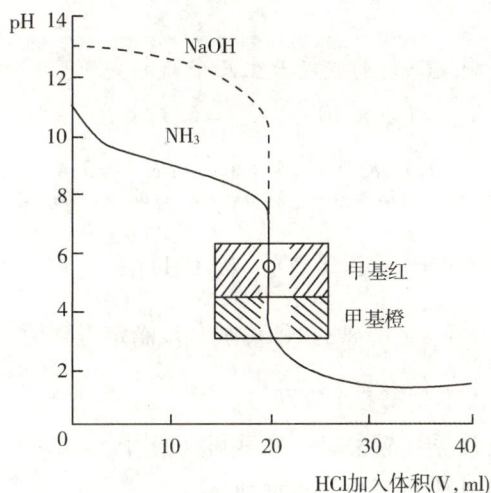

图 4 – 5　HCl 溶液（0.1000 mol/L）滴定 NH$_3$·H$_2$O 溶液（0.1000 mol/L）的滴定曲线

课堂互动

1. 0.10 mol/L HAc 溶液 50 ml 和 0.10 mol/L NaOH 溶液 25 ml 混合后，溶液的 H$^+$ 离子浓度有何变化？

2. 三角烧瓶中盛放 20 ml 0.10 mol/L NH$_3$ 溶液，现以 0.10 mol/L HCl 滴定之。计算：

（1）滴入 10 ml HCl 后，混合液的 pH 值。

（2）滴入 20 ml HCl 后，混合液的 pH 值。

（3）滴入 30 ml HCl 后，混合液的 pH 值。

四、强碱滴定多元酸

以 0.1000 mol/L NaOH 标准溶液滴定 20.00ml 0.1000 mol/L H_3PO_4溶液为例说明多元酸被滴定的特点。

多元酸大多是弱酸，在水溶液中分步解离。例如，H_3PO_4可分三步解离：

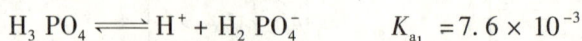

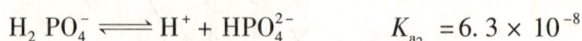

$$H_3PO_4 \rightleftharpoons H^+ + H_2PO_4^- \qquad K_{a_1} = 7.6 \times 10^{-3}$$

$$H_2PO_4^- \rightleftharpoons H^+ + HPO_4^{2-} \qquad K_{a_2} = 6.3 \times 10^{-8}$$

$$HPO_4^{2-} \rightleftharpoons H^+ + PO_4^{3-} \qquad K_{a_3} = 4.4 \times 10^{-13}$$

用强碱滴定多元酸时，酸碱反应和解离一样也是分步进行的。判断多元酸各级解离的 H^+ 能否被准确滴定的依据与一元弱酸相同，即 $c \cdot K_a \geqslant 10^{-8}$，则这一级解离的 H^+ 可被准确滴定，若 $c \cdot K_a < 10^{-8}$，则不能被直接滴定。判断相邻两级的 H^+ 能否被准确滴定的依据是相邻两级解离的 K_a 比值$\geqslant 10^4$。

■ **课堂互动**

用 NaOH 溶液滴定下列弱酸能产生几个滴定突跃？

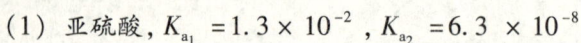

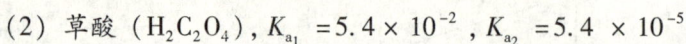

（1）亚硫酸，$K_{a_1} = 1.3 \times 10^{-2}$，$K_{a_2} = 6.3 \times 10^{-8}$

（2）草酸（$H_2C_2O_4$），$K_{a_1} = 5.4 \times 10^{-2}$，$K_{a_2} = 5.4 \times 10^{-5}$

根据上述原则，用 NaOH 滴定 H_3PO_4，因 H_3PO_4 的 $c \cdot K_{a_1} \geqslant 10^{-8}$，$c \cdot K_{a_2} \geqslant 10^{-8}$，$\dfrac{K_{a_1}}{K_{a_2}} > 10^4$，因此第一、第二级解离的 H^+ 可被分步滴定得到两个突跃。虽然 $\dfrac{K_{a_2}}{K_{a_3}} > 10^4$，但由于 $c \cdot K_{a_3} \leqslant 10^{-8}$ 而得不到第三个突跃。

多元酸的滴定曲线计算比较复杂，在实际工作中，一般只需计算化学计量点时的 pH 值，然后选择在此 pH 附近变色的指示剂。

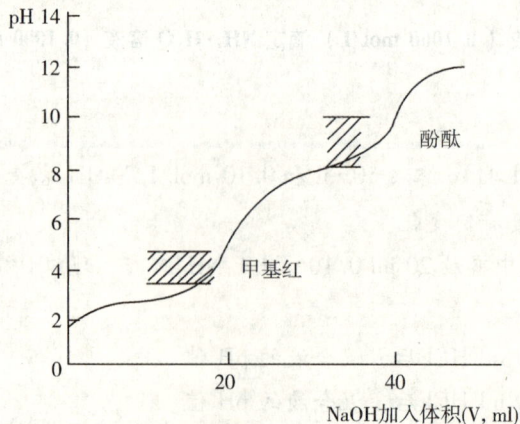

图 4-6　NaOH 溶液（0.1000 mol/L）滴定 H_3PO_4溶液（0.1000 mol/L）的滴定曲线

上例中，第一化学计量点时，滴定产物是 NaH_2PO_4，可选甲基红、溴甲酚绿等作指示剂。第二个化学计量点时，滴定产物是 Na_2HPO_4，可选酚酞、百里酚酞等作指示剂。

五、强酸滴定多元碱

知识链接

多元碱

酸碱电离理论认为，能电离出两个或两个以上氢氧根离子的碱，称为多元碱。而酸碱质子理论中的多元碱则是能接受两个或两个以上质子的碱。例如 Na_2CO_3，可以接受两个质子，为二元碱。

多元碱如 Na_2CO_3、$Na_4B_2O_7$ 等，能否被准确滴定或分步滴定的判断原则与多元酸的滴定相似。现以 0.1000 mol/L 的 HCl 标准溶液滴定 0.1000 mol/L 的 Na_2CO_3 溶液为例进行讨论。

H_2CO_3 的两级解离平衡及其对应的平衡常数分别为：

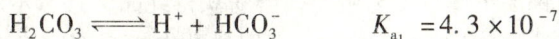

$$H_2CO_3 \rightleftharpoons H^+ + HCO_3^- \qquad K_{a_1} = 4.3 \times 10^{-7}$$

$$HCO_3^- \rightleftharpoons H^+ + CO_3^{2-} \qquad K_{a_2} = 5.6 \times 10^{-11}$$

据此可计算出 Na_2CO_3 在水溶液中接受两个质子及其对应的平衡常数。

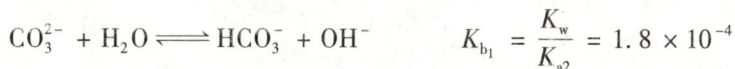

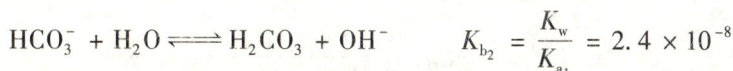

$$CO_3^{2-} + H_2O \rightleftharpoons HCO_3^- + OH^- \qquad K_{b_1} = \frac{K_w}{K_{a2}} = 1.8 \times 10^{-4}$$

$$HCO_3^- + H_2O \rightleftharpoons H_2CO_3 + OH^- \qquad K_{b_2} = \frac{K_w}{K_{a_1}} = 2.4 \times 10^{-8}$$

因 $c \cdot K_{b_1} = 1.8 \times 10^{-5} > 10^{-8}$，$c \cdot K_{b_2} = 2.4 \times 10^{-9} \approx 10^{-8}$，$\frac{K_{b_1}}{K_{b_2}} \approx 10^4$，所以 Na_2CO_3 可被 HCl 标准溶液直接滴定，且可形成两个滴定突跃，滴定曲线如图 4-7 所示。

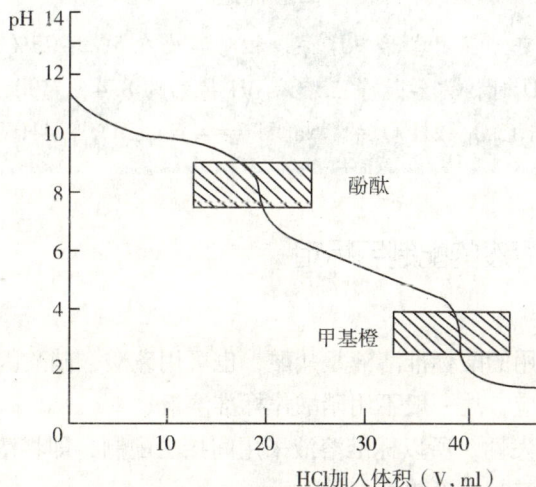

图 4-7　HCl 溶液滴定 Na_2CO_3 溶液的滴定曲线

到达第一个化学计量点时，生成物是 $NaHCO_3$，可用酚酞作为指示剂；到达第二个化学计量点时，溶液是 CO_2 的饱和溶液，可选用甲基橙为指示剂。

第三节　酸碱标准溶液的配制与标定

一、氢氧化钠标准溶液的配制与标定

1. 配制

由于 NaOH 固体容易吸收空气中的水分和 CO_2 生成 Na_2CO_3，性质不稳定，所以需用间接法配制。为了使配制的溶液不含 Na_2CO_3，先配制饱和 NaOH 溶液（Na_2CO_3 不溶于饱和 NaOH 溶液而沉淀于底部），静置数日分层后，取上层清液稀释即可。

2. 标定

标定 NaOH 溶液常用的基准物质有邻苯二甲酸氢钾（$KHC_8H_4O_4$）和草酸（$H_2C_2O_4 \cdot 2H_2O$）。其中最常用的是邻苯二甲酸氢钾。

邻苯二甲酸氢钾易干燥、不易吸湿，容易获得纯品，且摩尔质量大，可减少称量误差。化学计量点时溶液 pH 值约为 9.1，可用酚酞作指示剂，终点颜色由无色变为淡红色且 30 秒不褪色即为终点。

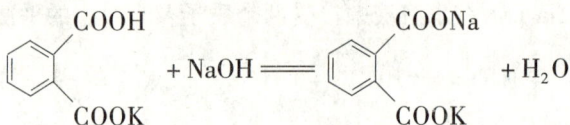

$$c_{NaOH} = \frac{m_{KHC_8H_4O_4}}{M_{KHC_8H_4O_4} V_{NaOH}}$$

知识链接

草酸标定

　　草酸性质稳定，密闭容器中保存，相对湿度在 5%～95% 范围内不会风化失水，标定 NaOH 时，化学计量点溶液 pH 值约为 8.4，可用酚酞作指示剂。

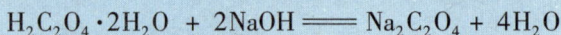

$$H_2C_2O_4 \cdot 2H_2O + 2NaOH \Longrightarrow Na_2C_2O_4 + 4H_2O$$

二、盐酸标准溶液的配制与标定

1. 配制

酸碱滴定中最常用的酸标准溶液是盐酸，也可用硫酸，硝酸因其稳定性差，且具有氧化性，易发生副反应，故一般不用硝酸作标准溶液。

由于 HCl 具有挥发性，所以标准溶液采用间接法配制，即将浓酸稀释成接近于所需浓度的溶液，然后标定其准确浓度。

2. 标定

标定 HCl 常用的基准物质有无水碳酸钠（Na_2CO_3）和硼砂（$Na_2B_2O_7 \cdot 10H_2O$）。碳酸钠易得纯品，价廉，但有强烈的吸湿性，能吸收 CO_2，所以用前必须在270℃~300℃加热约1小时，稍冷后置于干燥器中备用。其标定反应为：

$$Na_2CO_3 + 2HCl = 2NaCl + H_2O + CO_2\uparrow$$

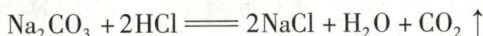

可选用甲基红或甲基橙作指示剂。由于在计量点附近易形成 CO_2 过饱和溶液，使溶液的酸度增大，终点过早出现，因此，滴定至终点附近时应用力摇动或加热溶液，以使 CO_2 逸出。

$$c_{HCl} = \frac{2 \times m_{Na_2CO_3}}{M_{Na_2CO_3} V_{HCl}}$$

课堂互动

1. 标定 HCl 标准溶液的浓度，若采用未在270℃烘过的 Na_2CO_3 来标定，所得浓度是偏高、偏低还是准确？

2. 称取0.1445g基准物质 Na_2CO_3，用待标定的盐酸溶液滴定，消耗盐酸溶液24.97ml，试求盐酸的浓度（Na_2CO_3 的摩尔质量为106.0g/mol）。

知识链接

硼砂标定盐酸标准溶液

硼砂的摩尔质量大，可以减小称量误差，不易吸水，但因含有结晶水，当相对湿度小于39%时，易风化失去部分结晶水，因此需要保存在含有饱和 NaCl 和蔗糖溶液的密闭恒湿容器中（保持相对湿度在60%，以免风化而失去结晶水）。用硼砂标定 HCl 溶液时，其反应式为：

$$Na_2B_4O_7 + 5H_2O + 2HCl = 4H_3BO_3 + 2NaCl$$

$$c_{HCl} = \frac{2 \times m_{Na_2B_4O_7 \cdot 10H_2O}}{M_{Na_2B_4O_7 \cdot 10H_2O} V_{HCl}}$$

第四节 应用与实例

酸碱滴定法应用范围极其广泛，许多药品如阿司匹林、硼酸、药用氢氧化钠及铵盐含量的测定等都可用此法，临床检验的血浆中碳酸氢根浓度的测定也可用此法。酸碱滴定法常用的滴定方式有直接滴定法和返滴定法。

一、直接滴定法

直接滴定法

　　如果滴定反应符合滴定分析法对化学反应的条件，即可直接将标准溶液从滴定管滴加到被测物质溶液中，这种滴定方式称为直接滴定法，是滴定分析最常用、最基本的滴定方式。如 NaOH 溶液可直接滴定 HCl 溶液等。

　　凡 $c \cdot K_a \geqslant 10^{-8}$ 的酸性物质或 $c \cdot K_b \geqslant 10^{-8}$ 的碱性物质均可用酸碱标准溶液直接滴定。

1. 乙酰水杨酸含量的测定

乙酰水杨酸（阿司匹林）是常用的解热镇痛药，在水溶液中可解离出 H^+（$pK_a = 3.49$），故可用碱标准溶液直接滴定。

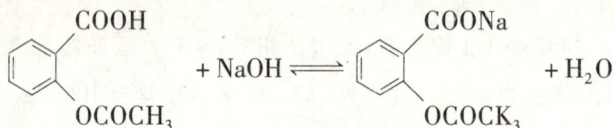

$$
\begin{array}{c}
COOH \\
\\
OCOCH_3
\end{array}
+ NaOH \Longrightarrow
\begin{array}{c}
COONa \\
\\
OCOCK_3
\end{array}
+ H_2O
$$

其含量为：

$$
\omega_{C_9H_8O_4} = \frac{c_{NaOH} V_{NaOH} M_{C_9H_8O_4} \times 10^{-3}}{m_S}
$$

2. 药用氢氧化钠含量的测定

NaOH 易吸收空气中的 CO_2 生成 Na_2CO_3，故 NaOH 中常含有 Na_2CO_3，欲测定各自的含量，可采用双指示剂法。

NaOH 和 Na_2CO_3 碱性都很强，能和 HCl 定量作用，所以可用 HCl 标准溶液滴定。操作时可先称取一定量的试样，溶解后加入酚酞指示剂，用 HCl 标准溶液滴定至粉红色消失，消耗 HCl 溶液的体积为 V_1，然后再在溶液中加入甲基橙指示剂，继续用 HCl 标准溶液滴定至溶液由黄色变为橙色，此时消耗 HCl 溶液的体积为 V_2。

V_1 是将 NaOH 全部中和，Na_2CO_3 中和到 $NaHCO_3$ 所消耗 HCl 的体积；V_2 是滴定 $NaHCO_3$ 所消耗的 HCl 体积。Na_2CO_3 中和到 $NaHCO_3$ 以及 $NaHCO_3$ 中和到 H_2CO_3 所消耗 HCl 溶液的体积是相等的，因此 NaOH 被中和所消耗 HCl 溶液的体积为 $V_1 - V_2$，将 Na_2CO_3 中和到 H_2CO_3 所消耗 HCl 溶液的体积是 $2 V_2$。

含量为：

$$
\omega_{NaOH} = \frac{c_{HCl}(V_1 - V_2) M_{NaOH} \times 10^{-3}}{m_S}
$$

$$
\omega_{Na_2CO_3} = \frac{c_{HCl} \times 2 V_2 \times \dfrac{M_{Na_2CO_3}}{2} \times 10^{-3}}{m_S}
$$

二、返滴定法

知识链接

返滴定法

当反应较慢（如 EDTA 与 Al^{3+}）或反应物不溶于水（如盐酸与固体 $CaCO_3$）时，不能采用直接滴定法。此时可在被测物质溶液中加入一种定量且过量的标准溶液，待反应完全后，再用另一种标准溶液滴定剩余的前一种标准溶液。此滴定方式称为返滴定法，又称为剩余滴定法。

临床检验血浆中碳酸氢根浓度的测定采用酸碱滴定法的返滴定法。

测量时在血浆中加入过量的盐酸标准溶液，与 HCO_3^- 起中和反应，释放出 CO_2，然后以酚酞为指示剂，用氢氧化钠标准溶液滴定剩余的盐酸标准溶液，血浆原来的 pH 值作为滴定的终点，以氢氧化钠的消耗量计算出血浆 HCO_3^- 浓度。

$$c_{NaHCO_3} = \frac{c_{HCl}V_{HCl} - c_{NaOH}V_{NaOH}}{V_{NaHCO_3}}$$

健康成人血浆 HCO_3^- 浓度为 $20 \sim 29\,mmol/L$，儿童为 $18 \sim 27\,mmol/L$。

如果用返滴定法测量样品中 $NaHCO_3$ 的含量则可采用下式计算：

$$\omega_{NaHCO_3} = \frac{(c_{HCl}V_{HCl} - c_{NaOH}V_{NaOH})M_{NaHCO_3}}{m_S \times 1000}$$

同步训练

一、填空题

1. 酸碱指示剂的变色与溶液的（　　）有关。

2. 酸碱指示剂的变色范围为（　　）。

3. 影响指示剂变色范围的因素有（　　）、（　　）、（　　）和（　　）

4. 滴定突跃范围的大小与酸碱的（　　）和（　　）有关。

5. 在理论上，$c_{HIn} = c_{In^-}$ 时，溶液的 $pH = pK_{HIn}$，此 pH 值称为指示剂的（　　）。

6. 标定 HCl 标准溶液常用的基准物质为（　　）。

7. 在酸碱滴定分析过程中，为了直观形象地描述滴定过程中溶液 H^+ 浓度的变化规律，通常以（　　）为纵坐标，以（　　）为横坐标，绘制成曲线，此曲线称为（　　）。

8. NaOH 标准溶液应采用（　　）法配制。

9. 多元弱酸能被准确滴定的判断依据是（　　），能够分步滴定的判据是（　　）。

10. 有一碱液，可能是 NaOH、Na_2CO_3、$NaHCO_3$，也可能是它们的混合物。今用双指示剂法测定，至酚酞指示剂变色时消耗 HCl 标准溶液 $V_1\,ml$，从酚酞变色到甲基橙变色时，消耗 HCl 标准溶液 V_2 ml，试由 V_1 与 V_2 关系判断碱液组成：

(1) $V_1 = V_2$ 时，组成为（　　）。

(2) $V_1 > V_2$ 时，组成为（　　）。

(3) $V_2 > V_1$ 时，组成为（　　）。

(4) $V_1 > 0$、$V_2 = 0$ 时，组成为（　　）。

(5) $V_1 = 0$、$V_2 > 0$ 时，组成为（　　）。

二、单选题

1. 标定氢氧化钠常用的基准物质是（　　）

    A. $Na_2C_2O_4$ B. Na_2CO_3 C. As_2O_3

    D. 邻苯二甲酸氢钾   E. NaCl

2. 用 NaOH 作标准溶液，下列哪种物质能被直接滴定（　　）

    A. HCl   B. KOH   C. NH_4Ac

    D. H_3BO_3 E. $KMnO_4$

3. 各种类型的酸碱滴定，其化学计量点的位置均在（　　）

    A. pH = 7   B. pH > 7   C. pH < 7

    D. 滴定突跃范围中点   E. 指示剂的理论变色点

4. 酸碱滴定法中，标准溶液必须是（　　）

    A. 强碱或强酸   B. 弱碱或弱酸   C. 强碱弱酸盐

    D. 强酸弱碱盐   E. 弱酸弱碱盐

5. 某酸碱指示剂的 $K_{HIn} = 1 \times 10^{-5}$，从理论上推算，其 pH 变色范围是（　　）

    A. 4 ~ 5   B. 4 ~ 6   C. 5 ~ 7

    D. 5 ~ 6   E. 4 ~ 7

6. NaOH 标准溶液测定 HAc 溶液含量时，采用哪种方法进行滴定（　　）

    A. 直接滴定法   B. 间接滴定法   C. 置换滴定法

    D. 回滴定法   E. 以上均可

7. 不需贮于棕色试剂瓶中的标准溶液为（　　）

    A. I_2 B. HCl   C. $Na_2S_2O_3$

    D. $KMnO_4$ E. $AgNO_3$

8. 用 NaOH 标准溶液测定食醋的总酸量，最合适的指示剂是（　　）

    A. 中性红   B. 甲基红   C. 酚酞

    D. 甲基橙   E. 百里酚蓝

9. Na_2CO_3 和 $NaHCO_3$ 混合物可用 HCl 标准溶液来测定，测定过程中两种指示剂的滴加顺序为（　　）

    A. 酚酞、甲基橙   B. 甲基橙、酚酞   C. 酚酞、百里酚蓝

    D. 百里酚蓝、酚酞   E. 甲基橙、百里酚蓝

10. 在酸碱滴定中，一般把滴定至化学计量点哪种范围的溶液 pH 值变化范围称为

滴定突跃范围（　　）

    A. 前后 ±0.1% 相对误差　　B. 前后 ±0.2% 相对误差　　C. 前后 0.0% 相对误差

    D. 前后 ±1% 相对误差　　　E. 前后 ±0.01% 相对误差

11. H_3PO_4 是三元酸，用 NaOH 标准溶液滴定时，滴定突跃有几个（　　）

    A. 1　　　　　　　　　　　B. 2　　　　　　　　　　C. 3

    D. 没有突跃　　　　　　　E. 无法确定

12. 用强碱滴定一元弱酸时，应符合 $c \cdot K_a \geqslant 10^{-8}$ 的条件，这是因为（　　）

    A. $c \cdot K_a < 10^{-8}$ 时滴定突跃范围窄

    B. $c \cdot K_a < 10^{-8}$ 时无法确定化学计量关系

    C. $c \cdot K_a < 10^{-8}$ 时指示剂不发生颜色变化

    D. $c \cdot K_a < 10^{-8}$ 时反应不能进行

    E. $c \cdot K_a < 10^{-8}$ 时有副反应干扰

13. 讨论酸碱滴定曲线的最终目的是（　　）

    A. 了解滴定过程　　　　　B. 确定溶液 pH 值变化规律

    C. 明确滴定突跃范围　　　D. 选择合适的指示剂

    E. 以上均是

三、计算题

1. 用基准物质邻苯二甲酸氢钾 0.4563g 标定 NaOH 标准溶液时，消耗 NaOH 标准溶液的体积为 22.05 ml，计算 NaOH 标准溶液的浓度。

2. 滴定 0.1700g 草酸试样，用去 0.1100mol/L 氢氧化钠标准溶液 22.80ml，试求草酸试样中 $H_2C_2O_4$ 的百分含量。

3. 将 0.2129g ZnO 试样溶解在 0.9760mol/L H_2SO_4 溶液 25.00ml 中，过量酸用 1.372mol/L 的 NaOH 标准溶液滴定至终点，消耗 31.95ml 标准溶液，计算 ZnO 的百分含量。

4. 称取含有 Na_2CO_3、$NaHCO_3$ 及惰性杂质的试样 0.2764g，溶解后用 0.1045 mol/L HCl 标准溶液滴定至酚酞变色时，用去 16.80ml，继续用甲基橙作指示剂，用 HCl 标准溶液滴定至终点又用去 24.76ml，试计算试样中 Na_2CO_3 与 $NaHCO_3$ 的含量。

5. 有浓 H_3PO_4 2.000g，用水稀释定容为 250.0ml，取 25.00ml，以 0.1000 mol/L NaOH 标准溶液滴定至甲基红指示剂变为橙黄色，消耗 20.04ml 标准溶液，计算 H_3PO_4 的含量。

第五章　沉淀滴定法

知识要点

铬酸钾指示剂法、铁铵矾指示剂法和吸附指示剂法的原理、条件及应用范围。

沉淀滴定法是以沉淀反应为基础的一种滴定分析方法。沉淀反应很多，但能用作沉淀滴定的并不多，它必须满足下列条件：

1. 沉淀的溶解度必须足够小（约 $10^{-6}g/ml$）。
2. 沉淀反应必须迅速、定量地进行。
3. 必须有适当的方法指示滴定终点。

综合上述条件，能用于沉淀滴定法的沉淀反应主要是一类生成难溶性银盐的反应。例如：

$$Ag^+ + X^- \rightleftharpoons AgX$$

其中 X^- 代表 Cl^-、Br^-、I^-、SCN^- 等离子。

这种利用生成难溶性银盐的反应进行滴定分析的方法称为银量法（本章主要介绍银量法）。根据确定终点所用指示剂不同，可将银量法分为铬酸钾指示剂法（莫尔法）、铁铵矾指示剂法（佛尔哈德法）和吸附指示剂法（法扬司法）。

第一节　铬酸钾指示剂法

一、铬酸钾指示剂法的原理和条件

（一）原理

铬酸钾指示剂法（莫尔法）是指在中性或弱碱性溶液中，以铬酸钾为指示剂，以硝酸银为标准溶液，生成砖红色的 Ag_2CrO_4 沉淀指示滴定终点，测定氯化物或溴化物含量的方法。

演示实验　精密称取约 0.13g（称量至 0.0001g）NaCl 置于三角烧瓶中，加入 50ml 蒸馏水溶解，加 K_2CrO_4 指示剂 1ml，在不断振摇下，用 0.1000mol/L 的 $AgNO_3$ 标准溶液滴定,观察实验现象。

从实验中观察到,由于 AgCl 的溶解度(1.8×10^{-3} g/L)小于 Ag_2CrO_4 的溶解度(2.3×10^{-2} g/L),故在滴定过程中,首先析出 AgCl 白色沉淀,而 $[Ag^+]^2[CrO_4^{2-}]$ < 1.1×10^{-12} $[K_{sp(Ag_2CrO_4)} = 1.1 \times 10^{-12}]$,不能形成 Ag_2CrO_4 沉淀。随着 AgCl 析出,溶液中 Cl^- 浓度下降,直到 Cl^- 沉淀完全后,稍过量一点硝酸银标准溶液与 CrO_4^{2-} 反应,当 $[Ag^+]^2[CrO_4^{2-}] > 1.1 \times 10^{-12}$ 时,析出砖红色的 Ag_2CrO_4 沉淀,指示到达滴定终点。即

$$终点前: Ag^+ + Cl^- \rightleftharpoons AgCl\downarrow(白色)$$

$$终点时: 2Ag^+ + CrO_4^{2-} \rightleftharpoons Ag_2CrO_4\downarrow(砖红色)$$

(二)条件

1. 指示剂的用量要适当

铬酸钾指示剂用量过多,Cl^- 尚未沉淀完全,即有铬酸银砖红色沉淀生成,终点提前,产生负误差;反之,终点将延迟,产生正误差。通过计算可知 K_2CrO_4 指示剂的理论浓度为 1.1×10^{-2} mol/L,而在实际测定时,由于 K_2CrO_4 本身显黄色,若按上述计算量加入,CrO_4^{2-} 本身的黄色会影响终点观察。实践证明,在被测溶液总体积为 $50 \sim 100$ ml 溶液中,加入 5% 铬酸钾指示剂约 1ml 即可。此时 CrO_4^{2-} 浓度约为 $2.6 \times 10^{-3} \sim 5.2 \times 10^{-3}$ mol/L。

2. 在中性或弱碱性溶液（pH = 6.5 ~ 10.5）中进行滴定

如果溶液酸性太强,用 $NaHCO_3$ 或 $Na_2B_4O_7$ 中和;溶液为强碱性时,用 HNO_3 中和。

课堂互动

为什么酸度要控制在此范围中?酸度过大或碱性太强会引起什么误差?

3. 被测溶液中不应含有氨

因为 AgCl 和 Ag_2CrO_4 均可形成 $[Ag(NH_3)_2]^+$ 配离子而溶解。如果溶液中有氨存在时,必须用酸中和。当有铵盐存在时,如果溶液的碱性较强,也会增大氨的浓度,因此当有铵盐存在时,溶液的 pH 值应控制在 $6.5 \sim 7.2$。

4. 分离干扰离子

滴定溶液中不应含有能与 CrO_4^{2-} 生成沉淀的阳离子（如 Ba^{2+}、Bi^{3+} 等）或与 Ag^+ 生成沉淀的阴离子（如 CO_3^{2-}、$C_2O_4^{2-}$、PO_4^{3-}、S^{2-} 等),也不能含有大量的有色离子（如 Cu^{2+}、Ni^{2+} 等）及在中性或微碱性溶液中易发生水解的离子（如 Fe^{3+}、Al^{3+} 等）。如果含有上述离子,必须预先分离。

5. 滴定中充分振摇

为了防止 AgCl 或 AgBr 沉淀对 Cl^- 或 Br^- 产生吸附作用,使终点提前,在滴定中要充分振摇。

二、硝酸银标准溶液的配制和标定

（一）0.1mol/L 的 $AgNO_3$ 溶液的配制

1. 直接配制法

精密称取在110℃干燥至恒重的基准物质 $AgNO_3$ 固体约4.2g（称量至0.0001g），加入少量蒸馏水溶解后，定量转移至250ml 的棕色容量瓶中，加蒸馏水稀释至标线，摇匀。$AgNO_3$ 标准溶液浓度的计算公式为：

$$c_{AgNO_3} = \frac{m_{AgNO_3} \times 10^3}{V_{AgNO_3} M_{AgNO_3}}$$

2. 间接配制法

用托盘天平称取约4.2g $AgNO_3$ 置于烧杯中，用蒸馏水溶解并稀释至250ml 后，转入棕色试剂瓶中，摇匀，置于暗处，待标定。

（二）0.1mol/L 的 $AgNO_3$ 溶液的标定

精密称取干燥至恒重的基准物质 NaCl 约0.14g（称量至0.0001g），置于三角烧瓶中，用50ml 蒸馏水使其溶解，加入 50g/L 的 K_2CrO_4 指示剂 1ml，在不断振摇下，用0.1mol/L 的 $AgNO_3$ 溶液滴定至出现砖红色沉淀即为终点。做空白实验。$AgNO_3$ 溶液的浓度计算公式为：

$$c_{AgNO_3} = \frac{m_{NaCl} \times 10^3}{(V - V_{空})_{AgNO_3} M_{NaCl}}$$

注意：硝酸银溶液见光容易分解，应贮存于棕色试剂瓶中避光保存。硝酸银标准溶液存放一段时间后，要重新标定。标定时，硝酸银溶液必须盛放在酸式滴定管中。为减少方法误差，标定方法最好与测定样品的方法相同。

■ **课堂互动**

标定时，硝酸银溶液为什么必须盛放在酸式滴定管中？

三、应用与实例

铬酸钾指示剂法主要用于测定 Cl^- 和 Br^-，在弱碱性条件下也可以测定 CN^-，但不适于测定 I^-、SCN^-，也不适用于用氯化钠溶液直接滴定硝酸银溶液。

度米芬原料药含量测定：精密称取度米芬样品约0.6g（称量至0.0001g），置于250ml 三角烧瓶中，加新煮沸的蒸馏水 50ml 溶解，加入 50g/L 的 K_2CrO_4 指示剂 1ml，摇匀。在不断振摇下，用 0.1000mol/L 的 $AgNO_3$ 标准溶液滴定至出现砖红色沉淀即为终点。做空白实验。样品中度米芬（$C_{22}H_{40}BrNO$）的含量计算公式为：

$$\omega_{C_{22}H_{40}BrNO} = \frac{c_{AgNO_3}(V - V_{空})_{AgNO_3}M_{C_{22}H_{40}BrNO} \times 10^{-3}}{m_S}$$

课堂互动

1. 铬酸钾指示剂法为什么不能测定 I^-、SCN^-？
2. 为什么不能用氯化钠溶液直接滴定硝酸银标准溶液？

第二节　铁铵矾指示剂法

一、铁铵矾指示剂法的原理和条件

（一）原理

用铁铵矾〔$NH_4Fe(SO_4)_2 \cdot 12H_2O$〕溶液作指示剂，测定银盐和卤素化合物的方法。可以分为直接滴定法和返滴定法。本节主要介绍直接滴定法。

在酸性溶液中，以铁铵矾作指示剂，用 $KSCN$ 或 NH_4SCN 标准溶液测定 Ag^+ 的含量。滴定中 SCN^- 首先与 Ag^+ 生成 $AgSCN$ 白色沉淀，当滴定到达化学计量点，稍微过量一点 SCN^- 与铁铵矾中 Fe^{3+} 反应，生成 $Fe(SCN)^{2+}$ 使溶液呈红色指示滴定终点。其滴定反应为：

终点前：$Ag^+ + SCN^- \rightleftharpoons AgSCN\downarrow$（白色）
终点时：$Fe^{3+} + SCN^- \rightleftharpoons Fe(SCN)^{2+}$（红色）

（二）条件

1. 应在酸性（HNO_3）溶液中进行滴定，防止 Fe^{3+} 水解。
2. 直接法滴定 Ag^+ 时，要充分振摇，使被沉淀吸附的 Ag^+ 解吸，防止终点提前，产生负误差。

课堂互动

如在被测 Ag^+ 溶液中含有 AsO_4^{3-} 和 CO_3^{2-} 等干扰离子时，是否可用直接法测定？为什么？

二、硫氰酸铵标准溶液的配制与标定

（一）0.1mol/L 的硫氰酸铵溶液的配制

称取 8.0g 硫氰酸铵置于 250ml 烧杯中，加 100ml 水溶解，过滤至 1L 量杯内，加水稀释至刻度，混匀。溶液贮存在密闭的玻璃瓶中，待标定。

（二）0.1mol/L 的硫氰酸铵溶液的标定

用 25.00ml 移液管精密移取已标定的 0.1mol/L AgNO$_3$ 标准溶液置于 250ml 三角烧瓶中，加 50ml 蒸馏水，混匀，加 2ml 稀硝酸和 1ml 硫酸铁铵溶液。用待标定的 NH$_4$SCN 溶液滴定 AgNO$_3$ 标准溶液至出现红色，充分振摇，1 分钟内不褪色为止，即为滴定终点。做空白实验。NH$_4$SCN 溶液的浓度计算公式为：

$$c_{NH_4SCN} = \frac{c_{AgNO_3} V_{AgNO_3}}{(V - V_{空})_{NH_4SCN}}$$

三、应用与实例

磺胺嘧啶银（C$_{10}$H$_9$AgN$_4$O$_2$S）原料药的含量测定：取本品约 0.5g，精密称定，置于具塞三角烧瓶中，加稀硝酸 8ml 溶解后，加蒸馏水 50ml 与硫酸铁铵指示剂 2ml，用 0.1mol/L NH$_4$SCN 标准溶液滴定至出现红色，充分振摇，1 分钟内不褪色为止，即为滴定终点。磺胺嘧啶银含量计算公式为：

$$\omega_{C_{10}H_9AgN_4O_2S} = \frac{c_{NH_4SCN} V_{NH_4SCN} M_{C_{10}H_9AgN_4O_2S} \times 10^{-3}}{m_s}$$

知识链接

铁铵矾指示剂法——返滴定法

返滴定法用于测定卤化物含量。首先，向样品溶液中加入准确过量的 AgNO$_3$ 标准溶液生成银盐沉淀，然后，加铁铵矾指示剂，最后用 NH$_4$SCN 标准溶液滴定剩余的 AgNO$_3$ 标准溶液。滴定反应为：

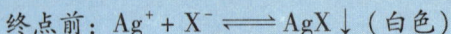

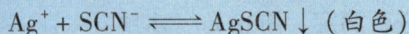

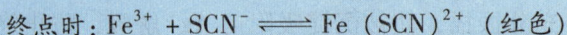

终点前：Ag$^+$ + X$^-$ $\rightleftharpoons$ AgX↓（白色）

Ag$^+$ + SCN$^-$ $\rightleftharpoons$ AgSCN↓（白色）

终点时：Fe^{3+} + SCN$^-$ $\rightleftharpoons$ Fe（SCN）$^{2+}$（红色）

注意，用此法测 I$^-$ 时，加过量的 AgNO$_3$ 标准溶液后，才能加铁铵矾指示剂，以防止 I$^-$ 被 Fe^{3+} 氧化为 I$_2$。

第三节 吸附指示剂法

一、吸附指示剂法的原理和条件

（一）原理

吸附指示剂法（法扬司法）是以硝酸银为标准溶液，用吸附指示剂确定滴定终点，测定卤素离子含量的方法。吸附指示剂是一种有机染料，在溶液中解离出的阴离子呈现一种颜色，当被溶液中带异电荷的胶粒沉淀吸附后，由于结构改变而导致颜色变化，从而指示滴定终点。

例如，以荧光黄（$K_a \approx 10^{-8}$）作指示剂，用硝酸银标准溶液测定 Cl^- 的含量。用 HFI 表示荧光黄。在化学计量点前，溶液中存在过量的 Cl^-，此时 AgCl 胶粒沉淀优先吸附 Cl^-，使胶粒表面带负电荷（$AgCl \cdot Cl^-$），由于同种电荷相斥，而不再吸附荧光黄指示剂的阴离子（FI^-），使溶液仍显荧光黄阴离子（FI^-）的黄绿色。当滴定至化学计量点，稍过量硝酸银标准溶液中过量的 Ag^+ 被 AgCl 胶粒沉淀优先吸附，使沉淀胶粒带正电荷（$AgCl \cdot Ag^+$），带正电荷的胶粒立即吸附荧光黄指示剂的阴离子（FI^-），引起指示剂离子结构变化，生成粉红色吸附化合物。此时荧光黄指示剂由黄绿色转变为粉红色而指示滴定终点。滴定反应为：

终点前：$HFI \rightleftharpoons H^+ + FI^-$（黄绿色）

$AgCl \cdot Cl^- + FI^-$（黄绿色）$+ Na^+ \rightleftharpoons AgCl \cdot Cl^- \cdot Na^+ + FI^-$（黄绿色）

终点时：$AgCl \cdot Ag^+ + FI^-$（黄绿色）$\rightleftharpoons AgCl \cdot Ag^+ \cdot FI^-$（淡红色）

（二）条件

为了使滴定终点前后的颜色变化明显，应用吸附指示剂时需注意以下几点：

1. 为使滴定终点变色敏锐，滴定前先加入亲水性高分子物质（如糊精或淀粉等）以保护胶体，使 AgCl 沉淀保持溶胶状态而具有较大的吸附表面。同时，为防止胶体的凝聚，要避免大量存在中性盐。

2. 胶体微粒对指示剂离子的吸附能力应略小于对被测离子的吸附能力。即滴定稍过化学计量点时，胶粒就立即吸附指示剂离子而变色，否则，如对指示剂离子吸附力太强，未达化学计量点胶粒就吸附指示剂离子，将使终点提前。反之，滴定到达化学计量点后不能立即变色，而使终点延迟。

卤化银胶体对卤素离子和几种常用吸附指示剂的吸附力的大小次序如下：

$$I^- > 二甲基二碘荧光黄 > Br^- > 曙红 > Cl^- > 荧光黄$$

■ 课堂互动

吸附指示剂法测定 Cl^- 含量时，能用曙红指示剂指示滴定终点吗？

3. 溶液 pH 要适当。一般吸附指示剂多是有机弱酸，而起指示作用的主要是它的阴离子。因此，为了使指示剂主要以阴离子的形式存在，必须控制被测溶液的 pH。对于 K_a 较小（酸性较弱）的吸附指示剂，被测溶液的 pH 值要大些，而对于 K_a 较大的吸附指示剂，则被测溶液可允许有较小的 pH 值。至于强碱性溶液，虽然有利于指示剂的解离，但会生成氧化银沉淀，故滴定不能在强碱性溶液中进行（见表 5-1）。

表 5-1　常用的吸附指示剂

指示剂	测定离子	颜色变化	使用条件（pH 值）
荧光黄	Cl^-、Br^-	黄绿→粉红	7.0～10.0
二氯荧光黄	Cl^-、Br^-	黄绿→红	4.0～10.0
曙红	Br^-、I^-	橙→深红	2.0～10.0
二甲基二碘荧光黄	I^-	橙红→蓝红	4.0～7.0

4. 卤化银感光分解析出金属银，使沉淀变灰或变黑，影响终点观察，所以滴定应避免在强光照射下进行。

二、应用与实例

氯化钠样品含量的测定：精密称取氯化钠样品约 1.2g（称量至 0.0001g），置于 100ml 烧杯中，用少量蒸馏水溶解后，定量转入 250ml 容量瓶中，稀释至标线，摇匀。用 25ml 移液管移取上述氯化钠溶液 25.00ml 置于 250ml 三角烧瓶中，加 20ml 蒸馏水稀释，加 2% 糊精溶液 5ml，荧光黄指示剂 5～8 滴，在不断振摇下，用 $AgNO_3$ 标准溶液滴定至出现粉红色沉淀为滴定终点。记录消耗的 $AgNO_3$ 标准溶液的体积。

$$\omega_{NaCl} = \frac{c_{AgNO_3} V_{AgNO_3} M_{NaCl} \times 10^{-3}}{\frac{1}{10}m_S}$$

同步训练

一、填空题

1. 利用（　　）的反应进行滴定分析的方法称为银量法。根据确定终点所用指示剂不同，可将银量法分为（　　）、（　　）和（　　）。

2. 用佛尔哈德法直接法滴定 Ag^+ 时，要（　　），使被沉淀吸附的 Ag^+ 解吸，防止终点（　　）。

3. 用法扬司法测定 Cl^-，用曙红作指示剂，测定结果（　　）（填偏高、偏低或无影响），原因是（　　）；若测定 I^-，用曙红作指示剂，测定结果（　　）（填偏高、偏低或无影响），原因是（　　）。

二、单选题

1. 银量法中用吸附指示剂指示滴定终点的方法又叫（　　）
    A. 沉淀滴定法　　　　B. 佛尔哈德法　　　　C. 莫尔法
    D. 沉淀法　　　　　　E. 法扬司法
2. 莫尔法测定食品中氯化钠含量时，最适宜 pH 为（　　）
    A. 3.5～11.5　　　　B. 6.5～10.5　　　　C. 小于 4

D. 大于 11　　　　　　　　E. 4 ~ 12

3. 用铬酸钾指示剂法测定 KBr 含量时，铬酸钾指示剂用量过多会产生（　　）

A. 正误差　　　　　　　B. 平行测量结果混乱　　　C. 终点变色更敏锐

D. 负误差　　　　　　　E. 无影响

4. 用吸附指示剂法测定 NaCl 含量时，在化学计量点前 AgCl 沉淀优先吸附的是（　　）

A. Ag^+　　　　　　　　B. Cl^-　　　　　　　　C. Na^+

D. NO_3^-　　　　　　　E. 荧光黄指示剂阴离子

5. 标定硝酸银标准溶液的基准物质是（　　）

A. 氯化钾　　　　　　　B. 氯化钠　　　　　　　C. 氯化钙

D. 化学纯氯化钠　　　　E. 分析纯氯化钠

6. 用吸附指示剂法测定 NaBr 含量时，选用最佳的指示剂是（　　）

A. 荧光黄　　　　　　　B. 二氯荧光黄　　　　　C. 曙红

D. 二甲基二碘荧光黄　　E. 甲基紫

三、计算题

1. 精密量取 NaCl 溶液 20.00ml，加入铬酸钾指示剂，用 0.1023mol/L 硝酸银标准溶液滴定，终点时消耗硝酸银标准溶液 27.00ml，计算 NaCl 溶液的质量浓度。

2. 称取银合金试样 0.3000g，溶解后加入铁铵矾指示剂，用 0.1000mol/L NH_4SCN 标准溶液滴定，终点时消耗 NH_4SCN 标准溶液 23.80ml，计算样品中银的质量分数。

第六章　配位滴定法

■ **知识要点**

　　乙二胺四乙酸的性质及配合物的特点；金属指示剂的作用原理及使用条件；EDTA 标准溶液的配制与标定方法。

　　以配位反应为基础的滴定分析法称为配位滴定法，主要测定金属离子的含量。用于配位滴定的配位反应，必须具备下列条件：

1. 配位反应必须完全，生成的配位物要足够稳定（配合物的稳定常数 $K_{稳} \geqslant 10^8$）。
2. 反应必须按一定的化学反应方程式定量地进行。
3. 反应速率要快，且有适当方法指示滴定终点。
4. 滴定过程中生成的配合物是可溶性的。

　　用于配位反应的配位剂有无机配位剂和有机配位剂。许多无机配位剂与金属离子形成的配合物不稳定，且是分级配合，各级配位的稳定常数又很相近，很难确定化学计量点，因此大多数无机配位剂不能用于滴定分析。而大多数有机配位剂却没有这些缺点，应用比较广泛。目前最常用的有机配位剂是氨羧配位剂。氨羧配位剂是以氨基二乙酸基团为主体的一类有机配位剂的总称，它配位能力强，能与大多数金属离子形成稳定的配合物，这类配位剂中应用最广泛的是乙二胺四乙酸，简称 EDTA。

第一节　基本原理

一、乙二胺四乙酸及其钠盐

（一）乙二胺四乙酸及其钠盐的性质

　　乙二胺四乙酸简称 EDTA，用简式 H_4Y 表示。白色粉末结晶，无臭，无毒，微溶于水，22℃时，每 100ml 水溶解 0.02g EDTA，水溶液呈酸性，pH 值约为 2.3。难溶于酸及一般有机溶剂，但易溶于氨性溶液和苛性碱溶液中。由于 EDTA 微溶于水，不宜作为配位滴定法的标准溶液，通常用其二钠盐作为标准溶液。

乙二胺四乙酸二钠简称 EDTA 二钠，用简式 $Na_2H_2Y \cdot 2H_2O$ 表示，通常也称EDTA。$Na_2H_2Y \cdot 2H_2O$ 为白色结晶粉末，无臭，无毒，易溶于水，22℃时，每 100ml 水溶解 11.1g EDTA 二钠，水溶液呈弱酸性，pH 值约为 4.8。

（二）EDTA 的解离平衡

在酸性较高的溶液中，一个 H_4Y 可接受两个 H^+，形成 H_6Y^{2+}，这样 EDTA 相当于一个六元酸，在水溶液中有六级解离平衡，以 H_6Y^{2+}、H_5Y^+、H_4Y、H_3Y^-、H_2Y^{2-}、HY^{3-}、Y^{4-} 七种形式存在。在不同 pH 值溶液中，EDTA 的主要存在形式不同（如表 6 -1 所示）。

表 6 -1　不同 pH 值溶液中 EDTA 的主要存在形式

pH 范围	<1	1~1.6	1.6~2.0	2.0~2.67	2.67~6.16	6.16~10.26	>10.26
主要存在形式	H_6Y^{2+}	H_5Y^+	H_4Y	H_3Y^-	H_2Y^{2-}	HY^{3-}	Y^{4-}

当溶液 pH 值 >10.26 时，EDTA 主要以 Y^{4-} 的形式存在，溶液的 pH 值越大，Y^{4-} 的浓度越大。在配位反应时，只有 Y^{4-} 才能与金属离子直接配合。因此，溶液的 pH 值越大，碱性越强，EDTA 的配位能力越强。一般 Y^{4-} 可简写成 Y。

▮ **课堂互动**

调节溶液的 pH 值在配位滴定中有何意义？

（三）EDTA 与金属离子形成配合物的特点

1. EDTA 与金属离子形成 1:1 型配合物。

一般情况下，无论金属离子是几价，都与 EDTA 进行等物质的量的反应。略去各种离子的电荷，写成通式：

$$M + Y \rightleftharpoons MY$$

2. EDTA 与金属离子形成的配合物稳定性高。

EDTA 与大多数金属离子配合时，能形成具有多个五元环结构的配合物，使 M - EDTA 配合物稳定性高。$K_稳$ 或 $lgK_稳$ 值反映了配合物稳定性，其数值越大配合物越稳定，常见的金属离子与 EDTA 所形成配合物的 $lgK_稳$ 值，见表 6 -2。

在一定条件下，只有 $lgK_稳 \geq 8$ 时，才能用于配位滴定。

3. 形成的配合物多数可溶于水。

4. 形成的配合物的颜色：EDTA 与无色金属离子配合生成无色配合物，与有色金属离子配合生成的配合物颜色加深。例如：Mg^{2+}：无色。MgY^{2-}：无色。Mn^{2+}：肉红色。MnY^{2-}：紫红色。Cu^{2+}：淡蓝色。CuY^{2-}：深蓝色。

表 6-2　常见的金属离子与 EDTA 所形成配合物的 $lgK_稳$ 值

金属离子	配合物	$lgK_稳$	金属离子	配合物	$lgK_稳$
Na^+	NaY^{3-}	1.66	Cd^{2+}	CdY^{2-}	16.46
Li^+	LiY^{3-}	2.79	Zn^{2+}	ZnY^{2-}	16.50
Ag^+	AgY^{3-}	7.20	Pb^{2+}	PbY^{2-}	18.04
Ba^{2+}	BaY^{2-}	7.76	Ni^{2+}	NiY^{2-}	18.62
Mg^{2+}	MgY^{2-}	8.69	Cu^{2+}	CuY^{2-}	18.80
Ca^{2+}	CaY^{2-}	10.96	Hg^{2+}	HgY^{2-}	21.80
Mn^{2+}	MnY^{2-}	14.04	Sn^{2+}	SnY^{2-}	22.11
Fe^{2+}	FeY^{2-}	14.33	Bi^{3+}	BiY^-	27.94
Al^{3+}	AlY^-	16.13	Fe^{3+}	FeY^-	25.10
Co^{2+}	CoY^{2-}	16.31	Co^{3+}	CoY^-	36.00

知识链接

溶液酸度对 EDTA 与金属离子配合生成配合物稳定性的影响

　　影响 EDTA 与金属离子形成的配合物稳定性主要有两个因素，即溶液的酸度和其他配位剂的存在。在此，只讨论溶液酸度的影响。

　　在溶液中，H^+ 与金属离子 M 都要夺取配位剂 Y，如 H^+ 浓度增加，生成 H_4Y 的倾向增大，引起 MY 的解离，反应不完全；反之，H^+ 浓度降低，Y 的浓度增大，有利于 MY 的生成，配位反应完全。

　　1. 滴定允许的最大酸度（最低 pH 值）

　　各种金属离子 M 与 EDTA 生成的配合物 MY 的稳定性不同，溶液酸度对它们的影响也不同。稳定性较低的配合物，在酸性较弱的条件下 MY 即可解离；稳定性较高的配合物，只有在酸性较强时 MY 才会解离。例如，MgY^{2-}，$lgK_稳$ 为 8.7，最低 pH 值为 9.7，pH 值为 5~6 时，MgY^{2-} 几乎全部解离；而 ZnY^{2-}，$lgK_稳$ 为 16.5，最低 pH 为 3.9，pH 为 5~6 时，ZnY^{2-} 稳定存在。特别是 FeY^-，$lgK_稳$ 为 25.1，最低 pH 值为 1.0，pH 值为 1~2 时，FeY^- 仍稳定存在。

　　因此，我们将金属离子 M 与 EDTA 配合生成的配合物刚好能稳定存在时溶液的 pH 值称滴定允许的最大酸度（也称最低 pH 值）。滴定时，如果溶液的 pH 值低于该金属离子的最低 pH 值，不能进行滴定。

2. 滴定允许的最小酸度（最高 pH 值）

溶液的 pH 值升高，Y 的浓度增大，配合物 MY 稳定存在。但 H^+ 浓度太低，即 pH 值过高时，许多金属离子将水解而生成氢氧化物沉淀，使金属离子 M 浓度降低，反而促使 MY 解离，导致配位反应不完全，影响滴定的进行。被滴定的金属离子刚开始发生水解时溶液的 pH 值称为滴定允许的最小酸度（也称最高 pH 值）。

总之，滴定某一金属离子的允许最大酸度与最小酸度之间的 pH 值范围就是该金属离子的适宜酸度范围。所以选择适当的酸度是进行 EDTA 配位滴定的重要条件。

▌ 课堂互动

1. 如何利用配位滴定的最小 pH 值分步滴定混合物中的 Fe^{3+} 和 Zn^{2+}？
2. 配位滴定中为什么要加入一定量的缓冲溶液？

二、金属指示剂

（一）金属指示剂的作用原理

金属指示剂大多为有机染料，用 In 表示，它与金属离子反应生成一种与本身颜色有显著差别的配合物，指示滴定终点。

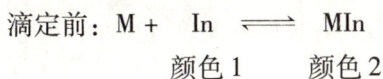

滴定前：M + In ⇌ MIn
　　　　　　颜色 1　　颜色 2

终点前：M + Y ⇌ MY

由于 $K_{MIn} < K_{MY}$，故

终点时：MIn + Y ⇌ MY + In
　　　　　颜色 2　　　　　　颜色 1

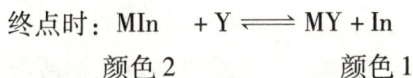

在滴定过程中，当溶液由配合物的颜色转变为指示剂本身的颜色时，指示滴定终点到达。

现以 EDTA 滴定 Mg^{2+}，用铬黑 T（EBT）作指示剂为例，说明金属指示剂的变色原理。铬黑 T 在 pH 值为 7~11 时呈蓝色，与镁离子配位后生成红色的配合物。

滴定前，溶液中有大量的 Mg^{2+}，加入少量的 EBT，部分 Mg^{2+} 与 EBT 配位，溶液呈现 Mg-EBT 的红色。

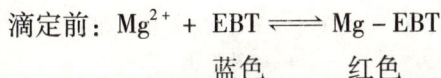

滴定前：Mg^{2+} + EBT ⇌ Mg-EBT
　　　　　　　　蓝色　　　红色

滴定开始至化学计量点前，随着 EDTA 的加入，溶液中游离的 Mg^{2+} 与 EDTA 配位，

生成无色的配合物 Mg – EDTA，溶液仍是呈红色。

终点前：$Mg^{2+} + EDTA \rightleftharpoons Mg – EDTA$

　　　　无色　　　　　　无色

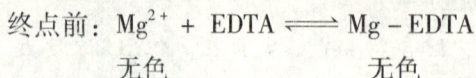

当滴定接近化学计量点时，溶液中游离的 Mg^{2+} 全部与 EDTA 配合后，继续滴定 EDTA，由于 $K_{Mg–EBT} < K_{Mg–EDTA}$，滴入的 EDTA 夺取 Mg – EBT 配合物中的 Mg^{2+} 生成 Mg – EDTA，EBT 指示剂游离出来呈现自身的颜色蓝色，此时溶液由红色转变为蓝色，即为滴定终点。

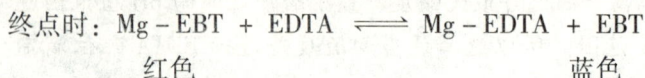

终点时：$Mg – EBT + EDTA \rightleftharpoons Mg – EDTA + EBT$

　　　　红色　　　　　　　　　　　　　　　蓝色

（二）金属指示剂必须具备的条件

1. MIn 与 In 的颜色应有显著差别

如果二者颜色之间无显著差别，就无显著的滴定终点。

2. MIn 要有足够的稳定性（$\lg K_稳 > 4$）

MIn 要有一定的稳定性，但又要比 M – EDTA 的稳定性略小，要求 $\lg K_{M–EDTA} - \lg K_{MIn} \geq 2$。如果 MIn 的稳定性太低，终点提前。如果 MIn 稳定性高于 M – EDTA 的稳定性，终点滞后，甚至到达计量点时 EDTA 也不能夺取 MIn 中的 M，没有溶液颜色的变化。观察不到滴定终点颜色变化的现象称为指示剂的封闭现象。

3. MIn 应易溶于水

如果 MIn 是胶体或沉淀，用 EDTA 滴定时，MIn 中指示剂被 EDTA 置换的作用缓慢，终点拖长，这种现象称为指示剂的僵化。

4. 配位反应要灵敏快速

金属指示剂与金属离子的配位反应要灵敏快速且具有良好的变色可逆性。

此外，金属指示剂应比较稳定，便于使用和贮存。

（三）常用的金属指示剂

1. 铬黑 T

铬黑 T（简称 EBT）又名埃罗黑 T。黑褐色粉末，带有金属光泽。在水溶液中，随着溶液 pH 值不同呈现三种不同的颜色：当 pH 值 < 6 时，显紫红色；当 7 < pH 值 < 11 时，显蓝色；当 pH 值 > 12 时，显橙色。由于 M – EBT 呈红色，因此，只有 pH 值在 7~11 范围内，铬黑 T 才有明显的颜色变化（红色至蓝色）。由此可见，配位滴定中的指示剂也要求在一定的 pH 值范围内使用。

用 EDTA 直接滴定 Mg^{2+}、Zn^{2+}、Pb^{2+}、Hg^{2+} 等离子及水的总硬度测定时，常用铬黑 T 作为指示剂。Al^{3+}、Fe^{3+}、Co^{2+}、Ni^{2+}、Cu^{2+} 等离子对指示剂有封闭作用，但可加入 KCN 掩蔽剂掩蔽 Cu^{2+}、Ni^{2+}、Co^{2+}，用三乙醇胺掩蔽 Al^{3+}、Fe^{3+}，以消除对滴定的干扰。

2. 钙指示剂

钙指示剂简称 NN，又称钙红指示剂，为紫黑色粉末，水溶液或乙醇溶液均不稳定。

钙指示剂的水溶液也随溶液 pH 值不同呈现不同的颜色：当溶液的 pH 值 <7 时，显红色，pH 值为 8~13.5 时，显蓝色，pH 值 >13.5 时，显橙色。由于在 pH 为 12~13 时，钙指示剂与 Ca^{2+} 形成酒红色配合物，因此，常在 pH 值 12~13 的酸碱度下，作为测定钙离子含量时的指示剂，终点时溶液由酒红色变成蓝色，颜色变化很明显。

第二节 EDTA 标准溶液的配制与标定

一、0.05mol/L EDTA 标准溶液的配制

市售的 EDTA 二钠（$Na_2H_2Y \cdot 2H_2O$），可用直接法配制。配制前将 EDTA 二钠干燥至恒重以除去吸水。如果纯度不高，可用间接法配制，先配成近似浓度的溶液后，再用基准物质标定。

1. 直接配制法

用分析天平精密称取干燥后的分析纯 EDTA 二钠约 19g（称量至 0.0001g）置于烧杯中，加蒸馏水溶解后，定量转移至 1000ml 容量瓶中，稀释至标线，摇匀。按下式计算溶液浓度：

$$c_{EDTA} = \frac{m_{EDTA}}{V_{EDTA}M_{EDTA}} \times 10^3$$

2. 间接配制法

用托盘天平称取 19g $Na_2H_2Y \cdot 2H_2O$，加蒸馏水溶解后，稀释至 1000ml，摇匀，待标定。配好的 EDTA 溶液应贮存在聚乙烯塑料瓶中。

二、0.05mol/L EDTA 标准溶液的标定

标定 EDTA 标准溶液的基准物质有金属、金属氧化物及其盐，如纯 Zn、纯 Cu、ZnO、$CaCO_3$、$ZnSO_4$ 等。一般多采用纯金属 Zn 或 ZnO 为基准物质。现以氧化锌为例说明标定方法。

精密称取经 800℃灼烧至恒重的基准物质 ZnO 约 0.12g（称量至 0.0001g）置于三角烧瓶中，加 2.8mol/L 盐酸 3ml 溶解，加蒸馏水 25ml，甲基红指示剂 1 滴，滴加氨试液呈溶液显淡黄色，再加蒸馏水 25ml，氨 – 氯化铵缓冲溶液（pH 值 10）10ml，铬黑 T 指示剂少许，用待标定的 EDTA 溶液滴定至溶液由红色变为蓝色即为终点。按下式计算 EDTA 溶液的浓度：

$$c_{EDTA} = \frac{m_{ZnO}}{V_{EDTA}M_{ZnO}} \times 10^3$$

第三节 应用与示例

配位滴定法有多种滴定方式，如直接滴定法、剩余滴定法、置换滴定法和间接滴定

法等，可以测定许多种金属离子的含量，因此应用非常广泛。

一、血清总钙浓度的测定

钙离子在碱性溶液中能与 EDTA 生成稳定的配合物，以钙指示剂为指示剂，采用配位滴定法可测定血清总钙浓度。滴定反应如下：

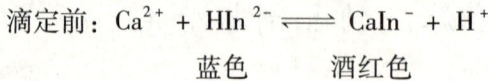

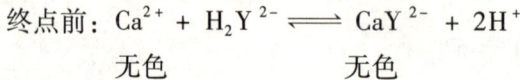

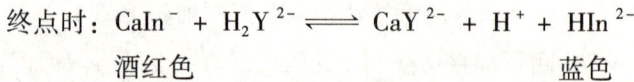

滴定前：$Ca^{2+} + HIn^{2-} \rightleftharpoons CaIn^- + H^+$
　　　　　　　　蓝色　　　　酒红色

终点前：$Ca^{2+} + H_2Y^{2-} \rightleftharpoons CaY^{2-} + 2H^+$
　　　　　无色　　　　　　无色

终点时：$CaIn^- + H_2Y^{2-} \rightleftharpoons CaY^{2-} + H^+ + HIn^{2-}$
　　　　　酒红色　　　　　　　　　　　　蓝色

测定时，取试管 2 支，标明测定管和标准管，最好用微量滴定管。精密取血清 0.2ml 置于测定管中，标准管中加入 2.5mmol/L 钙标准液 0.2 ml。向各管加入 0.25mol/L 氢氧化钾溶液 2 ml，钙红指示剂 2 滴，混匀，溶液呈淡红色。用 EDTA 标准溶液滴定至溶液由酒红色变为蓝色时为终点。记录各管中 EDTA 标准溶液用量（ml）。按下式计算血清总钙浓度：

$$血清钙（mmol/L）= \frac{测定管\ EDTA·2Na\ 消耗量（ml）}{标准管\ EDTA·2Na\ 消耗量（ml）} \times 2.5$$

健康成人血清钙浓度为 2.25~2.75mmol/L，健康儿童血清钙浓度为 2.5~3.0mmol/L。

二、水的总硬度测定

硬水是指含钙镁盐较多的水。硬度是水质的重要指标，水的总硬度是指溶解于水中的钙盐和镁盐的总量。含量越高，表示水的硬度越大。计算水的总硬度时，通常将水中所含 Ca^{2+} 和 Mg^{2+} 的总量，折算成 $CaCO_3$ 的质量，以每升水中所含 $CaCO_3$ 的毫克数表示，即 $CaCO_3\ mg/L$。

测定时，精密量取一定量的水样，加氨－氯化铵缓冲溶液调节 pH 值为 10，以铬黑 T 为指示剂，用 EDTA 标准溶液滴定至溶液由红色变为蓝色时为滴定终点。滴定反应如下：

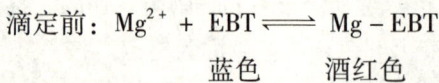

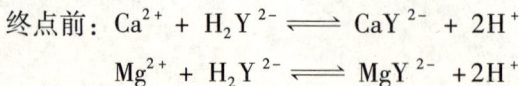

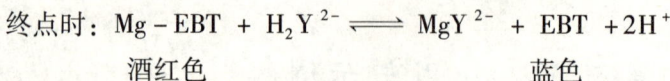

滴定前：$Mg^{2+} + EBT \rightleftharpoons Mg-EBT$
　　　　　　　　蓝色　　　酒红色

终点前：$Ca^{2+} + H_2Y^{2-} \rightleftharpoons CaY^{2-} + 2H^+$
　　　　　$Mg^{2+} + H_2Y^{2-} \rightleftharpoons MgY^{2-} + 2H^+$

终点时：$Mg-EBT + H_2Y^{2-} \rightleftharpoons MgY^{2-} + EBT + 2H^+$
　　　　　酒红色　　　　　　　　　　蓝色

计算公式：水的总硬度$（CaCO_3 mg/L）= \dfrac{c_{EDTA}V_{EDTA}M_{CaCO_3}}{V_{水样}} \times 10^3$

三、葡萄糖酸钙的含量测定

葡萄糖酸钙（$C_{12}H_{22}CaO_{14}\cdot H_2O$，分子量为448.4）是常见的钙盐药物之一，可以用直接滴定法测定其含量。

精密称取样品约0.5g（称量至0.0001g）置于三角烧瓶中，加蒸馏水100ml，微热使其溶解，冷却至室温。加入1.0mol/L氢氧化钠溶液15ml和钙指示剂0.1g，用EDTA标准溶液滴定至溶液由红色转变为纯蓝色，即为滴定终点。葡萄糖酸钙的含量用下式计算：

$$\omega_{葡萄糖酸钙} = \frac{c_{EDTA}V_{EDTA}M_{葡萄糖酸钙}}{m_S} \times 10^{-3}$$

同步训练

一、填空题

1. 配位滴定法是以（　　）为基础的滴定分析法。

2. 乙二胺四乙酸的结构简式用（　　）表示，简称（　　）。

3. 在进行配位反应时，只有（　　）才能与金属离子直接配合。

4. 溶液（　　）越低，Y^{4-}的浓度越大。

5. 在水溶液中，EDTA总是以（　　）种形式存在。

6. $\lg K_稳$值越大，（　　）越稳定，只有（　　），才能用于配位滴定。

7. 将金属离子M与EDTA配合，生成的配合物刚好能稳定存在时溶液的pH值称为滴定允许的（　　）。

8. 用EDTA滴定Mg^{2+}时，以铬黑T为指示剂，滴定前的化学反应式为（　　），滴定过程中发生的反应为（　　），滴定终点发生的反应为（　　）。

9. 标定EDTA标准溶液的基准物质是（　　），EDTA浓度的计算公式是（　　）。

10. 水的硬度是指（　　）。

二、单选题

1. EDTA与金属离子形成何型的配合物（　　）

    A. 1:1　　　　　　　B. 1:2　　　　　　　　　C. 1:3

    D. 2:1　　　　　　　E. 3:1

2. 在适当的条件下，只有$\lg K_稳$在何范围，才能用于配位滴定分析（　　）

    A. ≥ 8　　　　　　　B. ≤ 8　　　　　　　　C. ≥ -8

    D. ≤ -8　　　　　　E. $\geq 10^8$

3. 在配位滴定中，下列哪项浓度增加，生成H_4Y的倾向增大，引起MY的解离，反应不完全（　　）

A. OH⁻ 　　　　B. H⁺ 　　　　C. Mⁿ⁺

D. Y⁴⁻ 　　　　E. In⁻

4. 在配位滴定溶液中，需加入一定量的何种物质，维持 pH 值在一定范围内（　　　）

A. 酸 　　　　B. 碱 　　　　C. 盐

D. 缓冲溶液 　　　　E. 氧化还原性物质

5. 用 EDTA 标准溶液直接测金属离子含量时，滴定终点的颜色是何颜色（　　　）

A. M 　　　　B. EDTA 　　　　C. In

D. M－EDTA 　　　　E. MIn

6. 可用直接法配制的标准溶液是（　　　）

A. HCl 　　　　B. NaOH 　　　　C. EDTA

D. KMnO₄ 　　　　E. Na₂S₂O₃

7. 金属指示剂与金属离子形成稳定配合物的前提是 lg$K_稳$（　　　）

A. <4 　　　　B. >4 　　　　C. <－4

D. >－4 　　　　E. >10⁴

8. 水的总硬度用每升水中含哪种物质的毫克数来表示（　　　）

A. CaO 　　　　B. CaCO₃ 　　　　C. ZnO

D. Ca²⁺ 　　　　E. Mg²⁺

9. 测定水的总硬度时，以哪种溶液为标准溶液（　　　）

A. HCl 　　　　B. NaOH 　　　　C. AgNO₃

D. EDTA 　　　　E. KMnO₄

10. 金属指示剂本身是（　　　）

A. 配位剂 　　　　B. 氧化剂 　　　　C. 还原剂

D. 抗氧化剂 　　　　E. 抗还原剂

三、计算题

1. 称取干燥恒重的分析纯 Na₂H₂Y·2H₂O 固体 19.0312g 置于烧杯中，用热蒸馏水溶解，冷却后定量转移至 1000ml 容量瓶中，稀释至标线。计算该标准溶液的浓度。

2. 精密称取 0.1005g 纯 CaCO₃，溶解并定量转移至 100ml 容量瓶中。吸取 25.00ml，用 EDTA 标准溶液滴定至终点，用去 24.90ml。试计算：①EDTA 的浓度；②每毫升 EDTA标准溶液相当 ZnO、Al₂O₃ 的克数。

3. 称取葡萄糖酸钙试样 0.5500g 置于三角烧瓶中，加水溶解后，在 pH 值为 10 氨性缓冲溶液中，用 0.05012mol/L 的 EDTA 标准溶液滴定至终点，消耗 20.15ml，计算葡萄糖酸钙的含量。（葡萄糖酸钙的分子量为 448.4）

4. 精密量取水样 50.0ml，用氨性缓冲溶液调节 pH 值为 10，铬黑 T 为指示剂，用浓度为 0.004050mol/L 的 EDTA 标准溶液滴定至终点，消耗 12.58ml，计算水的总硬度。

第七章　氧化还原滴定法

知识要点

　　高锰酸钾法、直接碘量法、间接碘量法及亚硝酸钠法的原理、条件和指示剂；高锰酸钾标准溶液、碘标准溶液、硫代硫酸钠标准溶液以及亚硝酸钠标准溶液的配制与标定。

　　氧化还原滴定法是以氧化还原反应为基础的滴定分析法。氧化还原反应是基于氧化剂与还原剂之间的电子转移反应，反应速率较慢，常伴有副反应发生。因此，能用于滴定分析的氧化还原反应必须具备以下条件：①反应速率快；②滴定反应必须按化学反应方程式的计量关系定量反应完全，无副反应发生；③必须有适当的方法指示滴定终点；④无干扰离子。为了满足氧化还原滴定分析的要求，通常采用增加溶液的酸度、增大反应物浓度、升高溶液温度和加入催化剂等措施来加快氧化还原反应速率。

　　氧化还原滴定法根据使用的标准溶液不同可分为高锰酸钾法、碘量法、亚硝酸钠法、重铬酸钾法、溴酸钾法等。本章将重点介绍高锰酸钾法、碘量法及亚硝酸钠法。

第一节　高锰酸钾法

一、原理和条件

（一）原理

　　高锰酸钾法是在强酸性溶液中，利用 $KMnO_4$ 标准溶液直接或间接地测定还原性、氧化性及非氧化或非还原性物质含量的滴定分析方法。

　　$KMnO_4$ 是一种较强的氧化剂，在强酸性溶液中可与许多还原剂作用。滴定过程中 MnO_4^- 本身为紫红色，被还原为 Mn^{2+} 后紫红色褪去，因 Mn^{2+} 在稀溶液中颜色较浅，所以，化学计量点时溶液几乎无色，计量点后，稍过量的 MnO_4^- 使溶液显微红色（30 秒内不褪色即为终点）。这种利用标准溶液或被测溶液自身颜色的变化指示滴定终点的方法称为自身指示剂法。

　　用 $KMnO_4$ 作标准溶液时，根据被测物质的性质不同，可采取不同的滴定方式。

1. 直接滴定法

许多还原性物质，如 Fe^{2+}、$H_2C_2O_4$、H_2O_2 等，可用 $KMnO_4$ 标准溶液直接测定其含量。

2. 返滴定法

有些氧化性物质，如果不能用 $KMnO_4$ 标准溶液直接测定其含量，可用返滴定法，即在强酸性条件，先加入准确过量的 $Na_2C_2O_4$ 标准溶液，加热使被测物质与 $Na_2C_2O_4$ 反应完全后，再用 $KMnO_4$ 标准溶液滴定剩余的 $Na_2C_2O_4$，由加入 $Na_2C_2O_4$ 总物质的量减去与 $KMnO_4$ 标准溶液反应消耗的 $Na_2C_2O_4$ 物质的量，可计算出被测物质的含量。

知识链接

间接滴定法

有些非氧化或非还原性物质，不能用 $KMnO_4$ 标准溶液直接滴定或返滴定，可采用间接滴定法进行含量测定。如测定 Ca^{2+} 时，首先将 Ca^{2+} 沉淀成 CaC_2O_4，过滤，再用稀 H_2SO_4 将所得的 CaC_2O_4 沉淀溶解，然后用 $KMnO_4$ 标准溶液滴定溶液中的 $C_2O_4^{2-}$，间接求得 Ca^{2+} 的含量。

（二）条件

1. 酸度

用 $KMnO_4$ 标准溶液进行滴定时，应在强酸性溶液中进行，否则有副反应发生，因此控制适当的酸度是滴定的重要条件。通常选用的强酸是 H_2SO_4，避免使用 HNO_3 或 HCl（因为 HNO_3 有氧化性，HCl 有还原性，均会发生副反应，影响分析结果的准确性）。酸度一般控制在 $1\sim2mol/L$。

2. 加快反应速率

在常温下，有些物质与 $KMnO_4$ 标准溶液反应速率慢，可将被测溶液加热（有些在空气中易氧化或加热易分解的还原性物质则不能加热，如 Fe^{2+} 和 H_2O_2）或利用反应中生成的 Mn^{2+} 的自动催化作用加快反应速率。

3. 滴定速度

高锰酸钾法的滴定速度应先慢后快。

课堂互动

请你想一想，为什么高锰酸钾法的滴定速度应先慢后快？

二、标准溶液的配制与标定

（一）0.02 mol/L $KMnO_4$ 标准溶液的配制

市售高锰酸钾纯度不够高，常含有少量的 MnO_2 等杂质。蒸馏水中含有微量的还原性物质，可还原高锰酸钾。另外，高锰酸钾能自行分解，光照时分解更快，因此只能用间接法配制高锰酸钾标准溶液。

在托盘天平上称取 3.3g 固体 $KMnO_4$，加蒸馏水溶解后稀释至 1L，置棕色试剂瓶中，摇匀，放置在暗处静置 7～10 天（或加热煮沸近 1 小时），过滤除去溶液中含有的杂质。将过滤后的 $KMnO_4$ 溶液贮存于棕色试剂瓶中，放置暗处保存，使用前进行标定。

（二）0.02 mol/L $KMnO_4$ 标准溶液的标定

标定 $KMnO_4$ 溶液的基准物质有很多，如 $Na_2C_2O_4$、$H_2C_2O_4 \cdot 2H_2O$、As_2O_3、纯铁等，由于 $Na_2C_2O_4$ 不含结晶水，性质稳定，易精制和保存，因此常用于标定 $KMnO_4$ 溶液。

用基准 $Na_2C_2O_4$ 标定 $KMnO_4$ 溶液的离子反应方程式为：

$$2MnO_4^- + 5C_2O_4^{2-} + 16H^+ \Longrightarrow 2Mn^{2+} + 10CO_2\uparrow + 8H_2O$$

精密称量在 105℃ 干燥至恒重的基准草酸钠约 0.2g（称量至 0.0001g），置于三角烧瓶中，加新煮沸并冷却的蒸馏水 25ml 和 3mol/L H_2SO_4 溶液 10ml，使之溶解，水浴加热至 65℃，用高锰酸钾溶液滴定至溶液呈微红色，并保持 30 秒内不褪色即为滴定终点。按下式计算高锰酸钾溶液的浓度：

$$c_{KMnO_4} = \frac{2}{5} \times \frac{m_{Na_2C_2O_4}}{M_{Na_2C_2O_4} V_{KMnO_4} \times 10^{-3}}$$

■■ 课堂互动

　　标定高锰酸钾溶液时，加入 3mol/L H_2SO_4 溶液 10 ml 和被测溶液水浴加热至 65℃ 的目的是什么？滴定速度如何控制？滴定终点如何判断？为什么？

三、应用与实例

硫酸亚铁（$FeSO_4 \cdot 7H_2O$）原料药的含量测定：用高锰酸钾法测定硫酸亚铁含量的离子反应方程式为：

$$MnO_4^- + 5Fe^{2+} + 8H^+ \Longrightarrow Mn^{2+} + 5Fe^{3+} + 4H_2O$$

取本品约 0.5g，精密称定，加稀硫酸与新煮沸过的冷水各 15ml 溶解后，立即用 0.02mol/L 高锰酸钾标准溶液滴定至溶液呈微红色，并保持 30 秒内不褪色即为滴定终点。按下式计算硫酸亚铁的质量分数：

$$\omega_{FeSO_4 \cdot 7H_2O} = \frac{5}{1} \times \frac{c_{KMnO_4} V_{KMnO_4} M_{FeSO_4 \cdot 7H_2O}}{m_S}$$

知识链接

　　2010 年版药典规定，每 1ml 高锰酸钾滴定液（0.02mol/L）相当于 27.80mg 的 $FeSO_4 \cdot 7H_2O$。本品含 $FeSO_4 \cdot 7H_2O$ 应为 98.5%～104.0%。

重铬酸钾法

重铬酸钾法是以重铬酸钾为标准溶液，以二苯胺磺酸钠为指示剂，在酸性溶液中，测定还原性物质（利用返滴定法可测定氧化性物质）含量的滴定分析法。$K_2Cr_2O_7$ 与还原剂作用时被还原为 Cr^{3+}。重铬酸钾法最重要的应用是测定 Fe^{2+} 的含量，其反应式如下：

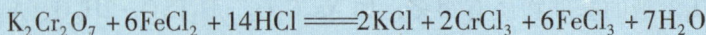

$$K_2Cr_2O_7 + 6FeCl_2 + 14HCl \Longrightarrow 2KCl + 2CrCl_3 + 6FeCl_3 + 7H_2O$$

重铬酸钾法与高锰酸钾法比较具有以下特点：①重铬酸钾的氧化能力不如高锰酸钾强，因此重铬酸钾可以测定的物质不如高锰酸钾广泛。②$K_2Cr_2O_7$ 易提纯，可以制成基准物质，在 140℃~150℃ 干燥 2 小时后，可直接称量，配制标准溶液。$K_2Cr_2O_7$ 标准溶液相当稳定，保存在密闭容器中，浓度可长期保持不变。③调节酸性既可以用稀 H_2SO_4 也可以用稀 HCl。

第二节 碘量法

一、原理和条件

（一）原理

碘量法是利用 I_2 的氧化性或 I^- 的还原性直接或间接测定还原性或氧化性物质含量的滴定分析方法。因此碘量法又分为直接碘量法和间接碘量法。

1. 直接碘量法

利用 I_2 的氧化性，在酸性、中性和弱碱性条件下，直接测定还原性较强物质的含量，如 S^{2-}、SO_3^{2-}、Sn^{2+}、$S_2O_3^{2-}$、AsO_3^{3-} 等。例如，用直接碘量法测定 $Na_2S_2O_3$ 含量的离子反应方程式为：

$$I_2 + 2S_2O_3^{2-} \Longrightarrow 2I^- + S_4O_6^{2-}$$

根据离子方程式的化学计量关系可计算 $Na_2S_2O_3$ 的质量分数为：

$$\omega_{Na_2S_2O_3} = \frac{2c_{I_2}V_{I_2}M_{Na_2S_2O_3} \times 10^{-3}}{m_S}$$

有些还原性物质与碘标准溶液反应速率太慢，也可以用返滴定法测定其含量。方法是在被测还原性物质中加入准确过量的碘标准溶液，待反应完全后，再用 $Na_2S_2O_3$ 标准溶液滴定剩余的碘标准溶液。

2. 间接碘量法

利用 I^- 的还原性与氧化性物质反应产生定量 I_2，然后用 $Na_2S_2O_3$ 标准溶液滴定产生

的 I_2，从而间接测定出氧化性物质的含量。例如，用间接碘量法测定 $KMnO_4$ 含量的离子反应方程式为：

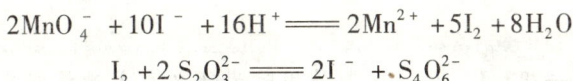

$$2MnO_4^- + 10I^- + 16H^+ = 2Mn^{2+} + 5I_2 + 8H_2O$$

$$I_2 + 2S_2O_3^{2-} = 2I^- + S_4O_6^{2-}$$

从上述反应式可知，$KMnO_4$ 与 $Na_2S_2O_3$ 之间的化学计量关系是 $n_{KMnO_4} = \dfrac{1}{5} n_{Na_2S_2O_3}$，故按下式可计算出 $KMnO_4$ 的质量分数为：

$$\omega_{KMnO_4} = \frac{1}{5} \times \frac{c_{Na_2S_2O_3} V_{Na_2S_2O_3} M_{KMnO_4} \times 10^{-3}}{m_S}$$

知识链接

置换滴定法

对于不按确定的化学计量关系进行或伴有副反应的化学反应，可先用适当试剂与待测物质发生定量反应，置换出一种可被滴定的物质，再用标准溶液滴定该物质，这种滴定方式称为置换滴定法。

（二）条件

1. 直接碘量法

滴定反应只能在酸性、中性或弱碱性溶液中进行。若溶液的 pH 值大于 9，则部分 I_2 会发生下列副反应：

$$3I_2 + 6OH^- = IO_3^- + 5I^- + 3H_2O$$

用直接碘量法测定 $Na_2S_2O_3$ 含量时，需在弱酸性或中性溶液中进行。因为在强碱性或强酸性溶液中 I_2 和 $S_2O_3^{2-}$ 能分别发生副反应。例如，在强酸性溶液中 $S_2O_3^{2-}$ 会发生分解：

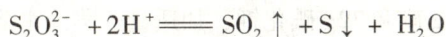

$$S_2O_3^{2-} + 2H^+ = SO_2\uparrow + S\downarrow + H_2O$$

2. 间接碘量法

间接碘量法的反应条件非常重要，在实际应用时应注意以下几点：

（1）**增加溶液的酸度**　从上述间接碘量法的离子反应方程式可以看出，反应中有 H^+ 参加，所以增加溶液的酸度，能加快 I^- 氧化成 I_2 的反应速率。开始反应时 $[H^+]$ 在 1 mol/L 左右，但当用 $Na_2S_2O_3$ 标准溶液滴定析出的 I_2 时，应先加水稀释将溶液酸度调至中性或弱酸性，$[H^+]$ 约为 0.2 ~ 0.4 mol/L，否则 $Na_2S_2O_3$ 在强酸性溶液中发生分解反应。

（2）**加入过量 KI**　在反应中加入 2 ~ 3 倍于计算量的 KI，以加快反应速率，且有足够的 I^- 与 I_2 结合成 I_3^-，增大 I_2 的溶解度，防止 I_2 挥发。

（3）**在室温及避光条件下滴定**　温度升高会增大 I_2 的挥发性，降低淀粉指示剂的灵敏度；光线照射能加速 I^- 被空气氧化，所以应在室温及避光条件下滴定。另外，I^- 被氧

化析出 I_2 的反应较慢，应塞上碘量瓶盖，水封，在暗处放置 5 ~10 分钟后再立即滴定。

📘 课堂互动

请同学们想一想，I^- 和氧化剂作用时为什么塞上碘量瓶盖，水封，在暗处放置 5 ~10 分钟后再滴定？

二、指示剂

碘量法通常用淀粉作指示剂。I_2 和淀粉在 I^- 存在时，能生成一种蓝色可溶的吸附化合物，反应可逆且非常灵敏。当溶液中 I_2 的浓度小于 10^{-5} mol/L 时仍可显蓝色。

1. 直接碘量法

滴定前加入淀粉指示剂，淀粉在溶液中呈现无色，达化学计量点时，有稍过量 I_2 标准溶液，I_2 与淀粉生成蓝色吸附化合物指示滴定终点，即直接碘量法以蓝色出现确定滴定终点。

2. 间接碘量法

滴定近终点时加入淀粉指示剂，以免碘与淀粉吸附太牢，使滴定终点时蓝色不易褪去，产生误差，即间接碘量法以蓝色消失确定滴定终点。

三、标准溶液的配制与标定

直接碘量法的标准溶液是 I_2 溶液，间接碘量法的标准溶液是 $Na_2S_2O_3$ 溶液。

（一）碘标准溶液的配制与标定

1. 0. 1 mol/L I_2 标准溶液的配制

碘有挥发性，通常情况下，配制 I_2 标准溶液是用市售的碘，采用间接法配制。

在托盘天平上称取 26g 碘和 72g 碘化钾，加适量的蒸馏水溶解后稀释至 1000ml，摇匀，贮存于棕色试剂瓶中，在暗处保存待标定。

2. 0. 1 mol/L I_2 标准溶液的标定

标定碘标准溶液，可用硫代硫酸钠标准溶液，用比较法进行标定，也可用基准物质法进行标定。通常用升华法精制的 As_2O_3（俗称砒霜，剧毒！）作基准物质。As_2O_3 难溶于水，但易溶于碱溶液中，生成具有还原性的亚砷酸盐。其化学反应方程式如下：

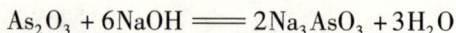

$$As_2O_3 + 6NaOH == 2Na_3AsO_3 + 3H_2O$$

用盐酸中和过量的碱，并加入少量 $NaHCO_3$ 保持溶液 pH≈8。这样碘与亚砷酸盐反应才能定量进行，再用 I_2 溶液滴定亚砷酸盐溶液，其标定反应式如下：

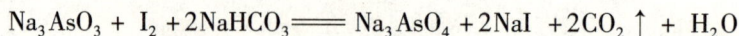

$$Na_3AsO_3 + I_2 + 2NaHCO_3 == Na_3AsO_4 + 2NaI + 2CO_2 \uparrow + H_2O$$

精密称取在 105℃ ~110℃ 干燥至恒重的基准物质三氧化二砷 0.3g（称量至 0.0001g），加 1mol/L 氢氧化钠溶液 15ml，稍微加热使之完全溶解，加蒸馏水 20ml 和甲基红指示剂 1 滴，滴加 0.5 mol/L 硫酸至溶液由黄色转变为微红色，再加 2g 固体 $NaHCO_3$，蒸馏水 50ml，淀粉指示剂 2ml，用待标定的 I_2 溶液滴定，以溶液呈现蓝色为滴定终点。按下式计算碘溶液的浓度：

$$c_{I_2} = \frac{2 \times m_{As_2O_3}}{V_{I_2} M_{As_2O_3} \times 10^{-3}}$$

（二）硫代硫酸钠标准溶液的配制与标定

1. 0.1 mol/L $Na_2S_2O_3$ 标准溶液的配制

硫代硫酸钠（$Na_2S_2O_3 \cdot 5H_2O$）是无色晶体，含有少量 S、Na_2SO_3、Na_2SO_4、Na_2CO_3 等杂质，且易风化潮解，因此不能用直接法配制，只能用间接法配制。而且新配制的 $Na_2S_2O_3$ 溶液不稳定，易分解。原因是水中的微生物、CO_2、空气中的 O_2 等均可与 $Na_2S_2O_3$ 作用使其分解。所以在配制 $Na_2S_2O_3$ 溶液时，应加入新煮沸并冷却的蒸馏水，少量的 Na_2CO_3，使溶液呈微碱性，以除去溶解在水中的 CO_2、O_2 和杀死微生物，防止 $Na_2S_2O_3$ 分解。日光也能促使 $Na_2S_2O_3$ 分解，因此新配制的 $Na_2S_2O_3$ 溶液应贮存于棕色试剂瓶中。

在托盘天平上称取 $Na_2S_2O_3 \cdot 5H_2O$ 晶体约 26g，无水 Na_2CO_3 0.2g（调节 pH 值在 9～10 之间，$Na_2S_2O_3$ 溶液最稳定），加蒸馏水溶解后稀释成 1000ml，并贮存于棕色试剂瓶中，暗处放置 7～10 天，待其浓度稳定后，再进行标定，但不易长期保存。

2. 0.1 mol/L $Na_2S_2O_3$ 标准溶液的标定

标定 $Na_2S_2O_3$ 溶液的基准物质有纯 I_2、$K_2Cr_2O_7$、KIO_3、$KBrO_3$ 等，因 $K_2Cr_2O_7$ 性质稳定，易于精制，常用其作基准物质，在酸性溶液中和过量 KI 作用析出定量的 I_2，利用生成的 I_2 和 $Na_2S_2O_3$ 标准溶液反应，即可计算出 $Na_2S_2O_3$ 溶液的浓度。标定反应式如下：

$$K_2Cr_2O_7 + 6KI + 14HCl = 8KCl + 2CrCl_3 + 3I_2 + 7H_2O$$

$$2\,Na_2S_2O_3 + I_2 = Na_2S_4O_6 + 2NaI$$

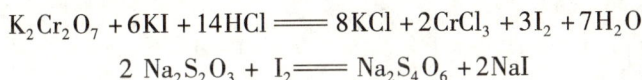 **课堂互动**

请同学们想一想，上述反应式中 $K_2Cr_2O_7$ 与 $Na_2S_2O_3$ 的化学计量关系如何？

精密称取在 120℃ 干燥至恒重的 1.2～1.3g 基准物质 $K_2Cr_2O_7$（称量至 0.0001g），置于 100 ml 烧杯中，加蒸馏水 30 ml 使之溶解（稍加热可加速溶解），冷却后，定量转移至 250 ml 容量瓶中，加蒸馏水稀释至标线，摇匀，计算 $K_2Cr_2O_7$ 溶液的准确浓度。用 25ml 移液管准确移取 $K_2Cr_2O_7$ 标准溶液三份，分别放入 250 ml 碘量瓶中，加 1g 固体 KI 和 2mol/L HCl 15ml，摇匀，密塞，水封，在暗处放置 10 分钟后加蒸馏水 50ml 稀释，用待标定的 0.1mol/L $Na_2S_2O_3$ 溶液滴定至溶液呈浅黄绿色，然后加 0.5% 的淀粉溶液 5ml，继续滴定至溶液蓝色消失而显 Cr^{3+} 的绿色即为终点。按下式计算 $Na_2S_2O_3$ 溶液的浓度：

$$c_{Na_2S_2O_3} = \frac{6}{1} \times \frac{\frac{1}{10}m_{K_2Cr_2O_7}}{V_{Na_2S_2O_3}M_{K_2Cr_2O_7} \times 10^{-3}}$$

标定时应注意：

（1）**溶液酸度的控制** 酸度一般控制在 $0.8 \sim 1$ mol/L 为宜。虽然 $K_2Cr_2O_7$ 与 KI 反应时，酸度越大反应进行的越快，但酸度太大，I^- 易被空气中的 O_2 氧化。

（2）**加入过量 KI 和反应时间的控制** 为了加快反应速率，应加入理论计算量 KI 的 $2 \sim 3$ 倍；为了反应完全，将反应物置于碘量瓶中，水封，放置暗处 $5 \sim 10$ 分钟。

（3）**滴定前稀释碘量瓶中溶液** 滴定前先用蒸馏水冲洗碘量瓶塞及内壁，使其上面的 I_2 进入溶液中，同时使溶液的酸度和 Cr^{3+} 的浓度降低，因为生成物 I_2 与 $Na_2S_2O_3$ 标准溶液反应需要在弱酸性或中性溶液中进行，而 Cr^{3+} 的浓度降低，可使 Cr^{3+} 的绿色变浅，以减小对终点颜色的干扰。

如果碘标准溶液的浓度已确定，还可以用碘标准溶液与硫代硫酸钠标准溶液进行比较法标定。

精密量取硫代硫酸钠溶液 25.00ml 置于三角烧瓶中，加 0.5% 的淀粉指示剂 2ml，用碘标准溶液滴定到溶液呈蓝色时为终点。按下式计算待标定溶液的浓度：

$$2c_{I_2}V_{I_2} = c_{Na_2S_2O_3}V_{Na_2S_2O_3}$$

四、应用与实例

维生素 C 原料药的含量测定：直接碘量法测定维生素 C 的含量时，维生素 C 中的烯二醇基可被 I_2 氧化成烯二酮基，其反应式如下：

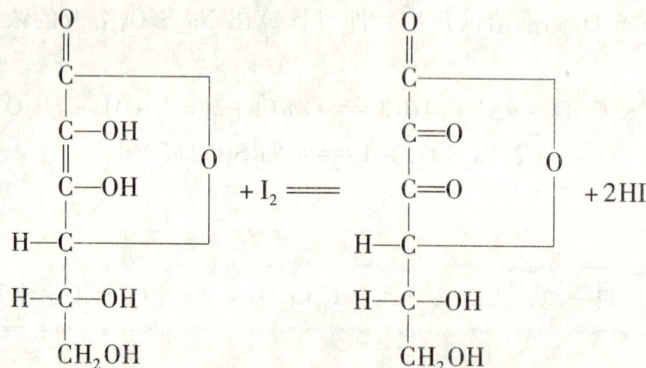

由于维生素 C 的还原能力强，易被空气中的 O_2 氧化，特别是在碱性溶液中氧化速率更快，所以在溶解时应先加入适量的稀醋酸，再加蒸馏水，以减少维生素 C 受 I_2 以外的其他氧化剂的影响。

精密称取维生素 C 约 0.2g（称量至 0.0001g），置于三角烧瓶中，加稀醋酸 10ml 和新煮沸并冷却的蒸馏水 100ml，待样品溶解后加淀粉指示剂 1ml，立即用碘标准溶液滴定至溶液呈现蓝色为滴定终点。按下式计算维生素 C 的质量分数：

$$\omega_{C_6H_8O_6} = \frac{c_{I_2}V_{I_2}M_{C_6H_8O_6} \times 10^{-3}}{m_S}$$

溴酸钾法

溴酸钾法为氧化还原滴定法之一，是以 $KBrO_3$ 为标准溶液测定还原性物质的滴定分析方法。常用甲基红或甲基橙等为指示剂。由于滴定到达滴定终点时，微量的溴酸钾能使溶液中的溴离子氧化析出游离的溴，而游离的溴能破坏甲基红或甲基橙等指示剂，使其褪色，故终点比较敏锐。溴酸钾容易提纯，在 180℃ 烘干后，可以直接配制标准溶液，或用碘量法进行标定，即在酸性溶液中，一定量的溴酸钾与过量碘化钾作用，析出碘，再用硫代硫酸钠标准溶液滴定生成的碘。

在酸性溶液中 $KBrO_3$ 是较强的氧化剂，可以直接测定还原性物质，该法常与碘量法配合使用，主要用于测定有机物。亦可用于直接测定三价砷盐、三价锑盐及一价铊等。例如：利用 $KBrO_3$ – KBr 标准溶液测定苯酚含量，即在苯酚的试样溶液中，加入准确过量的 $KBrO_3$ – KBr 标准溶液，酸化后，$KBrO_3$ 与 KBr 作用产生 Br_2，Br_2 与苯酚发生取代反应完全后，加入 KI，使其与过量的 Br_2 作用，析出的 I_2，再用 $Na_2S_2O_3$ 标准溶液滴定，从而间接测定出苯酚的含量。

第三节　亚硝酸钠法

一、原理和条件

（一）原理

亚硝酸钠法是在盐酸条件下，以亚硝酸钠为标准溶液，测定芳香伯胺和芳香仲胺的滴定分析方法。

芳香伯胺在盐酸溶液中与亚硝酸钠作用发生重氮化反应：

$$Ar-NH_2 + NaNO_2 + 2HCl === [Ar-N^+\equiv N]\ Cl^- + NaCl + 2H_2O$$
（芳香伯胺）　　　　　　　　（氯化重氮盐）

芳香仲胺在盐酸溶液中与亚硝酸钠作用发生亚硝基化反应：

$$\frac{Ar}{R}{>}NH + NaNO_2 + HCl === \frac{Ar}{R}{>}N-NO + H_2O + NaCl$$
（芳香仲胺）　　　　　　　　（亚硝基化合物）

芳香伯胺和芳香仲胺与亚硝酸钠反应，总称亚硝酸钠法。但由于两者之间定量反应不同，习惯上把前者称为重氮化滴定法，后者称为亚硝基化滴定法。其中以重氮化滴定法最为常用。

（二）条件

1. 酸的种类和浓度

重氮化反应速率与酸的种类有关，在 HBr 中比在 HCl 中快，在 HNO_3 或 H_2SO_4 中反应较慢。但因 HBr 的价格较贵，并且芳香伯胺盐酸盐的溶解度比芳香伯胺硫酸盐的溶解度大，所以常用 HCl。滴定时一般控制在 $1\sim2\text{mol/L}$ HCl 的酸度下进行，此酸度可以加快反应速率，并增加重氮盐的稳定性。如果酸度不足，不但生成的重氮盐容易分解，且易与尚未反应的芳香伯胺发生偶联反应，使测定结果偏低。如果酸度过高，会阻碍芳香伯胺的游离，减慢反应速率。

2. 反应的温度

重氮化反应速率随温度升高而加快，但生成的重氮盐也随着温度升高而加速分解。HNO_2 由于温度升高也容易分解逸失，一般重氮化反应要求在 5℃ 以下进行。如果采用快速滴定法，可在 30℃ 以下进行滴定。

3. 滴定速度

重氮化反应为分子间反应，速率较慢，滴定速度不宜过快，须慢慢滴加并不断搅拌，尤其近终点时，由于芳香伯胺浓度已很低，更需要一滴一滴地慢慢加入并不断搅拌数分钟后，才能确定终点。

快速滴定法：将滴定管尖端插入液面下约 2/3 处，在不断搅拌下一次滴入大部分亚硝酸钠标准溶液。近终点时，将滴定管尖提出液面，不断搅拌下再缓缓滴定。这样，开始生成的亚硝酸在剧烈搅拌下，向四方扩散并立即与芳香伯胺起反应，来不及逸失或分解，使反应完全。

4. 苯环上取代基团的影响

芳香伯胺对位取代基不同影响重氮化的反应速率。一般亲电子基团，如 —NO_2、—SO_3H、—COOH、—X 等，加快反应速率；斥电子基团，如 —CH_3、—OH、—OR 等，减慢反应速率。因此，磺胺类药物重氮化反应速率快，而盐酸普鲁卡因重氮化反应速率较慢。对于反应速率较慢的药物，通常在被测溶液中加入 KBr 做催化剂。

5. 指示终点的方法

亚硝酸钠法指示终点的方法目前多采用永停滴定法（参阅第八章电位分析法及永停滴定法）和外指示剂法。外指示剂法是把碘化钾和淀粉混在一起做成糊状物，涂于白瓷板上或制备成试纸使用。这种指示剂不加入被测物质溶液中，因此称为外指示剂。当被测物质和 $NaNO_2$ 反应达化学计量点时，稍过量的 $NaNO_2$ 标准溶液，在酸性条件下生成 HNO_2，此时用玻璃棒蘸溶液少许，在有碘化钾和淀粉的白瓷板上或试纸上划过，HNO_2 溶液与指示剂接触，发生下列化学反应：

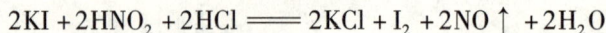

$$2KI + 2HNO_2 + 2HCl = 2KCl + I_2 + 2NO\uparrow + 2H_2O$$

生成物 I_2 立即与指示剂中的淀粉反应，显蓝色条痕，指示到达滴定终点。如划痕颜色没有变化，说明未到达滴定终点。当蓝色划痕迅速出现后，应用玻璃棒搅拌溶液后再操作一次，如仍显蓝色条痕说明已到滴定终点。如果重氮盐呈较深的黄色，则以绿色条痕为滴定终点。

二、标准溶液的配制与标定

（一）0.1 mol/L NaNO₂标准溶液的配制

亚硝酸钠的水溶液不稳定，放置时浓度显著下降，在 pH 值为 10 左右最稳定，因此，通常在 NaNO₂溶液中加少量 Na₂CO₃做稳定剂。

在托盘天平上称取 7.2g NaNO₂固体，加新煮沸并冷却的蒸馏水，溶解后稀释成 1000ml，加入 0.1g 无水 Na₂CO₃，摇匀备用。

（二）0.1 mol/L NaNO₂标准溶液的标定

标定亚硝酸钠溶液可以用对氨基苯磺酸、磺胺二甲嘧啶和磺胺噻唑作为基准物质。常用对氨基苯磺酸，它难溶于水，须先用氨水溶解，再用盐酸中和氨，并使溶液呈 1 ~ 2 mol/L 的酸性。标定反应为：

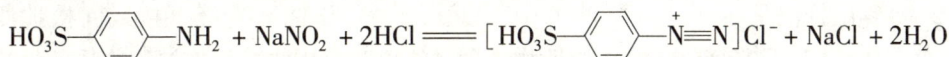

$$HO_3S \!-\!\!\boxed{}\!\!-\! NH_2 + NaNO_2 + 2HCl = [HO_3S \!-\!\!\boxed{}\!\!-\! \overset{+}{N}\!\!\equiv\!\!N]Cl^- + NaCl + 2H_2O$$

精密称取 120℃干燥至恒重的无水对氨基苯磺酸约 0.5g（称量至 0.0001g），置于烧杯中，加蒸馏水 30ml 和浓氨水 3ml，用玻璃棒搅拌溶解后，加浓盐酸 10 ml，搅拌，在 30℃以下，用 0.1 mol/L NaNO₂溶液滴定。将滴定管尖插入液面下约 2/3 处，边滴边搅拌。近终点时将滴定管尖提出液面，用少量蒸馏水冲洗管尖，洗液并入溶液中。继续缓缓滴入 NaNO₂溶液，用玻璃棒蘸取溶液少许，在涂有碘化钾 – 淀粉指示剂的白瓷板上划过，如立即显蓝色条痕，停止滴定，搅拌 1 分钟，蘸取少许溶液再操作一次，如仍立即显蓝色条痕，即为滴定终点。按下式计算亚硝酸钠溶液浓度：

$$c_{NaNO_2} = \frac{m_{C_6H_7O_3NS}}{V_{NaNO_2} M_{C_6H_7O_3NS} \times 10^{-3}}$$

三、应用与实例

凡分子结构中含有芳香伯胺或芳香仲胺基团的化合物都可以用亚硝酸钠法直接测定其含量。

盐酸普鲁卡因原料药的含量测定：盐酸普鲁卡因具有芳香伯胺的结构，在酸性条件下，可用重氮化滴定法测定其含量。滴定反应如下：

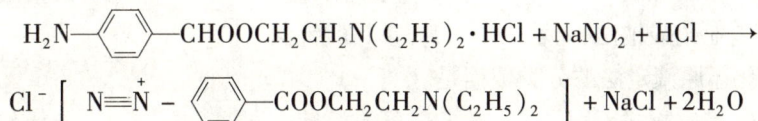

$$H_2N\!-\!\!\boxed{}\!\!-\! CHOOCH_2CH_2N(C_2H_5)_2 \cdot HCl + NaNO_2 + HCl \longrightarrow$$

$$Cl^- \left[N\!\!\equiv\!\!\overset{+}{N} - \boxed{}\!\!-\! COOCH_2CH_2N(C_2H_5)_2 \right] + NaCl + 2H_2O$$

精密称取盐酸普鲁卡因原料药 0.6g（称量至 0.0001g），置于烧杯中，加水 50ml 溶解后，加浓盐酸 5ml，溴化钾 1g，将滴定管尖端插入液面下约 2/3 处，在室温（15℃ ~25℃）下，用 0.1 mol/L NaNO₂标准溶液迅速滴定，边滴定边搅拌，至终点前约 1~2 ml 加入中性红指示液 1 滴，继续滴定，速度较前缓慢，近终点时，将滴定管尖端提出液面，用少量蒸馏水冲洗管尖，洗液并入溶液中。再加入中性红指示液 1 滴，继续滴定至溶液显纯蓝色，即为终点。《中国药典》（2010 年版）是采用永停滴定法确定终点，每1ml 0.1 mol/L NaNO$_2$标准溶液相当于 27.28mg 的 C$_{13}$H$_{20}$N$_2$O$_2$·HCl，按下式计算盐酸普鲁卡因含量（按药典规定）：

$$C_{13}H_{20}N_2O_2 \cdot HCl\ 含量(\%) = \frac{V_{NaNO_2}F_{NaNO_2} \times 27.28 \times 10^{-3}}{S_{供}} \times 100\%$$

同步训练

一、填空题

1. 氧化还原滴定法根据（　　）的不同可分为（　　）、（　　）、（　　）、重铬酸钾法及溴酸钾法。

2. 高锰酸钾法是在（　　）溶液中，以（　　）作标准溶液直接或间接地测定（　　）、（　　）及非氧化或非还原性物质含量的滴定分析法。根据被测物质的性质不同，高锰酸钾法采用的滴定方式有（　　）、（　　）和（　　）。

3. 配制 KMnO$_4$标准溶液应采用（　　）法，标定 KMnO$_4$标准溶液常用的基准物质是（　　），滴定时用（　　）调节强酸性。

4. 直接碘量法是利用 I$_2$的（　　）性，在（　　）、（　　）和（　　）条件下，直接测定（　　）性较强物质的含量。当用 I$_2$标准溶液滴定 Na$_2$S$_2$O$_3$时，需在（　　）或（　　）性溶液中进行。间接碘量法是利用 I$^-$的（　　）性与（　　）性物质反应产生定量 I$_2$，然后用（　　）标准溶液滴定产生的 I$_2$，从而间接测定出氧化性物质的含量。直接碘量法以（　　）确定滴定终点，间接碘量法以（　　）确定滴定终点。

5. 亚硝酸钠法是以（　　）为标准溶液，在（　　）存在下，测定（　　）和（　　）类化合物的氧化还原滴定法。亚硝酸钠滴定法指示终点的方法，目前多采用（　　）法。

二、单选题

1. 下列不属于氧化还原滴定法的是（　　）
   A. 铬酸钾法　　　　　B. 高锰酸钾法　　　　C. 碘量法
   D. 亚硝酸钠法　　　　E. 重铬酸钾法

2. 氧化还原滴定法的分类依据是（　　）
   A. 滴定方式不同　　　B. 标准溶液不同　　　C. 指示剂不同
   D. 测定对象不同　　　E. 酸度不同

3. 下列哪种标准溶液在反应中是作为还原剂使用的（　　）
   A. 高锰酸盐　　　　　B. 碘　　　　　　　　C. 硫代硫酸钠

    D. 亚硝酸钠　　　　　　　　　E. 重铬酸钾

4. 高锰酸钾法确定滴定终点所用的指示剂是（　　　）

    A. 酸碱指示剂　　　　　　　B. 吸附指示剂　　　　　　C. 金属指示剂

    D. 自身指示剂　　　　　　　E. 外指示剂

5. 用 $KMnO_4$ 标准溶液测定 H_2O_2 含量时，需在强酸性溶液中进行，应选用的酸是（　　　）

    A. 盐酸　　　　　　　　　　B. 硝酸　　　　　　　　　C. 硫酸

    D. 醋酸　　　　　　　　　　E. 草酸

6. 用间接碘量法测定物质含量时，淀粉指示剂应在何时加入（　　　）

    A. 滴定前　　　　　　　　　B. 近终点时　　　　　　　C. 加过量 KI 时

    D. 标准溶液消耗过半时　　　E. 滴定至溶液呈无色时

7. 在强酸性溶液中，用 $Na_2C_2O_4$ 基准物质标定 $KMnO_4$ 溶液时的滴定速度应（　　　）

    A. 快速　　　　　　　　　　B. 慢　　　　　　　　　　C. 先快后慢

    D. 先慢后快　　　　　　　　E. 随便

8. 配制 $Na_2S_2O_3$ 标准溶液时，应当用新煮沸后冷却的蒸馏水，并加入少量 Na_2CO_3 的原因是（　　　）

    A. 杀灭细菌　　　　　　　　B. 除去水中 CO_2 和 O_2　　　C. 防止 $Na_2S_2O_3$ 分解

    D. 以上都是　　　　　　　　E. 以上都不是

9. 亚硝酸钠法常用的酸性介质是（　　　）

    A. 高氯酸　　　　　　　　　B. 硝酸　　　　　　　　　C. 硫酸

    D. 氢溴酸　　　　　　　　　E. 盐酸

10. 用 $Na_2C_2O_4$ 基准物质标定 $KMnO_4$ 标准溶液时选用的指示剂是（　　　）

    A. 铬黑 T　　　　　　　　　B. 淀粉指示剂　　　　　　C. 高锰酸钾

    D. 铬酸钾指示剂　　　　　　E. 酚酞指示剂

11. 间接碘量法中，加入过量 KI 的作用是（　　　）

    A. 防止 $Na_2S_2O_3$ 分解　　　B. 防止 I_2 挥发

    C. 防止微生物作用　　　　　D. 加快反应速度

    E. 防止 I_2 挥发及加快反应速度

12. 在亚硝酸钠法中，用重氮化滴定法测定的物质是（　　　）

    A. 芳伯胺　　　　　　　　　B. 芳仲胺　　　　　　　　C. 芳叔胺

    D. 季铵盐　　　　　　　　　E. 生物碱

13. 下列叙述错误的是（　　　）

    A. 标定 $Na_2S_2O_3$ 溶液常用的基准物质是 $K_2Cr_2O_7$

    B. 标定 $KMnO_4$ 溶液常用的基准物质是 $Na_2C_2O_4$

    C. 标定 I_2 溶液常用的基准物质是 As_2O_3

    D. 标定 $NaNO_2$ 溶液常用的基准物质是对 – 氨基苯磺酸

    E. 标定 EDTA 溶液常用的基准物质是 Na_2CO_3

14. 直接碘量法测定维生素 C 样品的含量时，如果溶液呈碱性，对测定结果的影响是（　　）

    A. 偏高　　　　　　　　B. 偏低　　　　　　　　C. 结果混乱

    D. 无影响　　　　　　　E. 以上都不对

15. 下列叙述错误的是（　　）

    A. 直接碘量法所用的标准溶液是 I_2 溶液

    B. 间接碘量法所用的标准溶液是 $Na_2S_2O_3$ 溶液

    C. 亚硝酸钠法所用的酸性介质是 HCl

    D. 高锰酸钾法所用的酸性介质是 HCl

    E. 可增大 I_2 的溶解度的物质是 KI

三、计算题

1. 现有石灰石试样 0.2530g，将其溶于稀酸中，加入（NH_4）$_2C_2O_4$ 并控制溶液的 pH 值，使 Ca^{2+} 均匀、定量地沉淀为 CaC_2O_4，过滤洗涤后将沉淀溶于稀硫酸中，用 0.04320 mol/L $KMnO_4$ 的标准溶液滴定至终点，消耗 25.20ml，计算试样中 CaO 的含量。

2. 准确称取 0.2015g $K_2Cr_2O_7$ 基准物质，溶于水后酸化，再加入过量的 KI，用 $Na_2S_2O_3$ 标准溶液滴定至终点，消耗 36.02 ml $Na_2S_2O_3$ 标准溶液，计算 $Na_2S_2O_3$ 标准溶液的浓度。

3. 试估算滴定 10.00 ml 的 1% 盐酸普鲁卡因溶液至终点时，消耗 0.1086mol/L 亚硝酸钠标准溶液的毫升数。已知每毫升亚硝酸钠（0.1mol/L）相当于 27.28mg $C_{13}H_{20}N_2O_2 \cdot HCl$。

第八章　电位分析法及永停滴定法

依据物质在溶液中的电化学性质及其变化进行物质成分分析的方法称为电化学分析法。电位分析法是电化学分析法之一，是通过测量原电池的电动势求得被测物质含量的分析方法。测定时，将被测物质制备成溶液，与参比电极和指示电极组成原电池，测量原电池电动势，由于原电池电动势和溶液浓度之间符合 Nernst 方程式，通过计算求出被测溶液的浓度，从而求得被测物质的含量。

电位分析法分为直接电位法和电位滴定法，本章重点讨论直接电位法。直接电位法是根据原电池电动势和离子浓度之间的函数关系，直接测定有关离子浓度的方法。最典型的应用是测定溶液 pH 值。近年由于离子选择性电极的迅速发展，直接电位法的适用范围更加广泛。

永停滴定法是将双铂电极插入被测溶液中，根据滴定过程中电流变化来确定化学计量点的电流滴定法，其所用仪器简单，操作方便，结果准确，本章做简单介绍。

第一节　参比电极和指示电极

化学电池是一种电化学反应器，由两个电极、电解质溶液和外电路三部分组成。电化学反应是氧化还原反应，发生在电极和电解质溶液界面间。化学电池分为原电池和电解池。将化学能转变为电能的装置称为原电池，即电极反应能够自发进行；将电能转变为化学能的装置，称为电解池，即电极反应不能自发进行，只有在两极上施加一定的外加电压，电极反应才会发生。

电位分析法使用的化学电池是原电池，由两种性能不同的电极组成，其中电极电位已知并恒定的电极，称为参比电极，即电极电位不受溶液中被测离子浓度的影响；电极电位随溶液中被测离子浓度的变化而变化的电极，称为指示电极。

一、参比电极

对参比电极的要求是：①电极电位已知并稳定；②可逆性好；③重现性好；④装置简单，方便耐用。

最精确的参比电极是标准氢电极，也是最早使用的参比电极，其他电极的电极电位是与标准氢电极比较后确定的，故将标准氢电极称为一级参比电极，其他参比电极称为二级参比电极。因标准氢电极制作和使用均不方便，故实际测量中很少用。常用的参比电极有甘汞电极和银－氯化银电极。

（一）甘汞电极

甘汞电极由金属汞、甘汞（Hg_2Cl_2）和氯化钾溶液组成，结构如图 8-1 所示，电极反应为：

$$Hg_2Cl_2 + 2e \rightleftharpoons 2Hg + 2Cl^-$$

甘汞电极的电极电位取决于溶液中 Cl^- 的浓度，当 Cl^- 的浓度恒定时，甘汞电极的电极电位是定值。25℃时，三种不同浓度的 KCl 溶液的甘汞电极的电极电位分别为：

KCl 溶液浓度：	0.1mol/L	1mol/L	饱和
电极电位（V）：	0.3337	0.2801	0.2412

在电位分析法中最为常用的是饱和甘汞电极（简写 SCE），其构造简单，电极电位稳定，保存和使用方便。

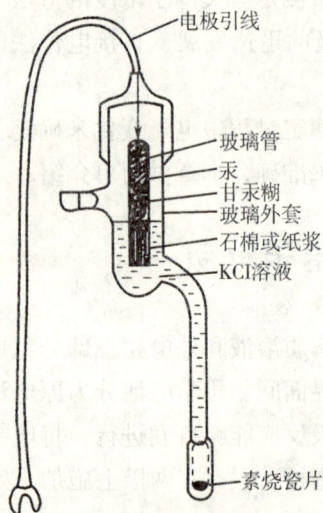

图 8-1 甘汞电极结构示意图

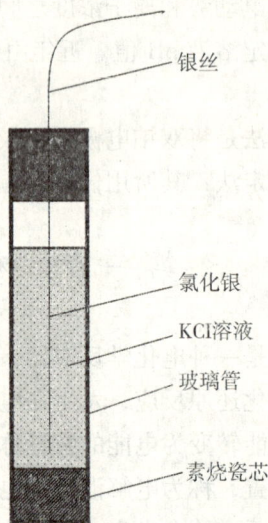

图 8-2 银－氯化银电极结构示意图

（二）银－氯化银电极

银－氯化银电极由金属银、氯化银（AgCl）和氯化钾溶液中组成，结构如图 8-2

所示，电极反应为：

$$AgCl + e \rightleftharpoons Ag + Cl^-$$

当 Cl^- 的浓度恒定时，银－氯化银电极的电位也是定值。25℃时，三种不同浓度的 KCl 溶液的银－氯化银电极电位分别为：

KCl 溶液浓度：	0.1mol/L	1mol/L	饱和
电极电位（V）：	0.2880	0.2220	0.1990

银－氯化银电极结构简单，可制成很小的体积，所以常做玻璃电极和其他离子选择电极的内参比电极。

课堂互动

当甘汞电极和银－氯化银电极中的 KCl 溶液浓度相同时，其电极电位是否相同？

二、指示电极

指示电极应符合以下要求：①电极电位与有关离子浓度间的关系符合 Nernst 方程式；②响应快，重现性好；③结构简单，使用方便。

指示电极的种类很多，本节主要介绍测定溶液 pH 值的指示电极——玻璃电极。

1. 玻璃电极的构造

玻璃电极的构造如图 8-3 所示。在电极下端接有一种特殊材料的玻璃球泡膜，膜厚度约为 0.1mm，膜内盛有一定 pH 值的缓冲溶液，该溶液由 HCl 和 KCl 组成，溶液中插入一支银－氯化银电极作为内参比电极。

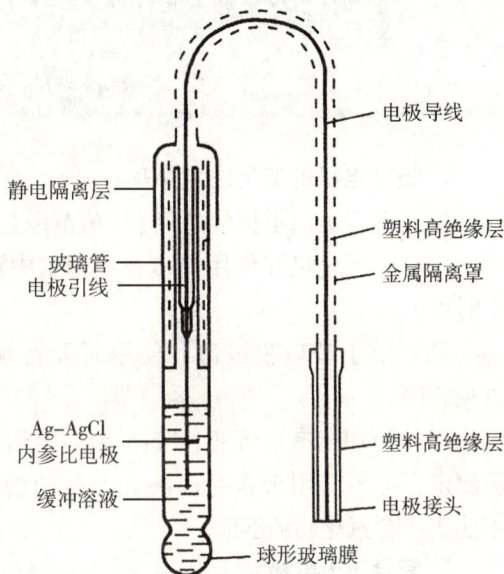

图 8-3　玻璃电极构造示意图

膜的组成为 Na_2O、CaO、SiO_2 等。玻璃电极的玻璃膜成分不同，测量的 pH 值范围不同。

知识链接

玻璃电极产生电极电位的原理

玻璃电极之所以能指示 H^+ 浓度的大小，是基于 H^+ 在玻璃膜上进行交换和扩散的结果。当玻璃电极的玻璃膜内、外表面与溶液接触时，吸收水分在膜表面形成很薄的水化凝胶层，水化凝胶层中的 Na^+ 与溶液中的 H^+ 发生交换反应，其反应式如下：

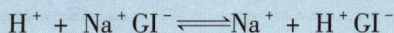

$$H^+ + Na^+Gl^- \rightleftharpoons Na^+ + H^+Gl^-$$

在酸性或中性溶液中,膜内、外表面(或凝胶层)上的 Na^+ 点位几乎全被 H^+ 所占据。越深入凝胶层内部,Na^+ 被 H^+ 所交换数量越少,即点位上的 Na^+ 越多,而 H^+ 越少。在玻璃膜中间部分,其点位上的 Na^+ 几乎没有与 H^+ 发生交换,而全被 Na^+ 所占据。一支浸泡好的玻璃电极,当浸入被测溶液时,由于溶液中的 H^+ 浓度与凝胶层中的 H^+ 浓度不同,H^+ 由浓度高的一方向浓度低的一方扩散(负离子与高价离子难以进出玻璃膜,无扩散),余下过剩的阴离子,其结果是破坏了玻璃膜表面与溶液两相界面间原来的电荷分布,而在溶液与水化凝胶层的两相界面间形成了双电子层,即产生电位差。此电位差的形成抑制了 H^+ 的继续扩散,当扩散达到动态平衡时电位差达到稳定值,此电位差称为相界电位。

玻璃膜的电极电位应等于外部溶液和内部溶液与水化凝胶层之间的相界电位之差,称为膜电位。

玻璃电极的电极电位等于膜电位与银－氯化银内参比电极的电极电位之和,公式如下:

$$\varphi_{玻} = K_{玻} - 0.0592\text{pH}$$

2. 玻璃电极的使用注意事项

(1)普通玻璃电极的适用 pH 值范围是 1~9,当 pH 值 >9 时应使用高碱玻璃电极。

(2)玻璃电极在使用前应在蒸馏水中浸泡 24 小时以上。

(3)由于玻璃膜极薄,使用时要特别小心,以免碰碎。

(4)可用于有色溶液、胶体溶液等溶液的 pH 值测定,但不宜用于含有硫酸和乙醇的溶液,也不能用于含氟化物的溶液。

3. 复合 pH 电极

用常规玻璃电极测定溶液的 pH 值,需要配备参比电极,使用起来比较麻烦。将玻璃电极和参比电极组装在一起构成了复合电极。目前使用的复合 pH 电极,通常是由玻璃电极与银－氯化银电极或玻璃电极与甘汞电极组合而成,结构如图 8－4 所示。复合 pH 电极的优点在于使用方便,且测定值稳定。

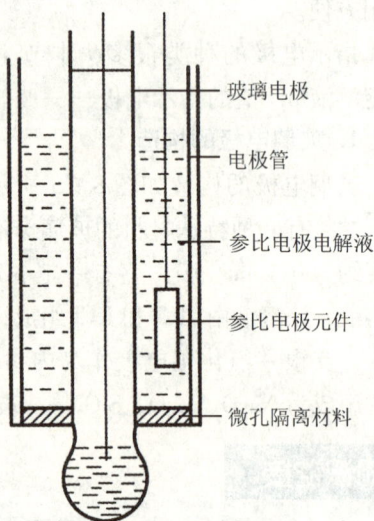

图 8－4　复合 pH 电极结构示意图

（图中标注：玻璃电极、电极管、参比电极电解液、参比电极元件、微孔隔离材料）

课堂互动

举例说明什么叫参比电极和指示电极,这两种电极在测定时各起什么作用?

第二节　直接电位法

直接电位法是利用原电池电动势与被测离子浓度之间的函数关系，直接测定样品中被测离子浓度的电位分析法。常用于溶液 pH 值的测定和其他离子浓度的测定。

一、测定溶液的 pH 值

（一）测定原理

直接电位法测定溶液的 pH 值，常用的指示电极为玻璃电极作为原电池的负极，参比电极为饱和甘汞电极作为原电池的正极，将两支电极插入被测溶液中组成原电池，测量其电动势。具体测定时常用两次测定法，两次测定的目的是消除玻璃电极的不对称电位和仪器中若干不确定因素所产生的误差。具体方法为：首先测定用已知 pH 值的标准 pH 缓冲溶液（pHs）组成原电池的电动势（Es），再测定被测 pH 溶液（pHx）组成原电池的电动势（Ex），根据公式计算被测溶液的 pHx。实际工作中，酸度计可直接显示出溶液的 pH 值，而不必计算待测溶液的 pH 值。

> ### 知识链接
>
> #### 两次测定法的公式推导
>
> 先将两个电极插入已知 pH 值的标准 pH 缓冲溶液中组成原电池，测量其电动势（E_S）为：
>
> $$E_S = \varphi_{甘汞} - \varphi_{玻} = 0.2412 - (K_{玻} - 0.0592 pH_S) = K + 0.0592 pH_S$$
>
> 然后再测量被测溶液（pHx）组成原电池的电动势（E_x）：
>
> $$E_X = \varphi_{甘汞} - \varphi_{玻} = 0.2412 - (K_{玻} - 0.0592 pH_X) = K + 0.0592 pH_X$$
>
> 二式相减得：$E_S - E_X = 0.0592(pH_S - pH_X)$
>
> $$pH_x = pH_s - \frac{E_s - E_x}{0.0592}$$

标准 pH 缓冲溶液是测定溶液 pH 值时用于校正仪器的基准试剂，其值的准确性直接影响测定结果的准确度。为了减小测量误差，选用标准 pH 缓冲溶液时，其 pH_S 值应该尽量与被测溶液的 pH_X 接近（$\triangle pH < 2$）。表 8-1 列出了不同温度下常用的标准 pH 缓冲溶液的 pH 值，供选用时参考。

表 8-1　不同温度下标准 pH 缓冲溶液的 pH 值

温度 （℃）	草酸三氢钾 （0.05mol/L）	25℃饱和 酒石酸氢钾	邻苯二甲酸氢钾 （0.05mol/L）	混合磷酸盐 （0.025 mol/L）	硼砂 （0.01mol/L）
0	1.67	—	4.01	6.98	9.46
5	1.67	—	4.00	6.95	9.39

续表

温度 （℃）	草酸三氢钾 （0.05mol/L）	25℃饱和 酒石酸氢钾	邻苯二甲酸氢钾 （0.05mol/L）	混合磷酸盐 （0.025 mol/L）	硼砂 （0.01mol/L）
10	1.67	—	4.00	6.92	9.33
15	1.67	—	4.00	6.90	9.28
20	1.68	—	4.00	6.88	9.23
25	1.68	3.56	4.00	6.86	9.18
30	1.68	3.55	4.01	6.85	9.14
35	1.69	3.55	4.02	6.84	9.10
40	1.69	3.55	4.03	6.84	9.07
45	1.70	3.55	4.04	6.83	9.04
50	1.71	3.56	4.06	6.83	9.02
55	1.71	3.56	4.07	6.83	8.99
60	1.72	3.57	4.09	6.84	8.97

（二）酸度计

酸度计又称为 pH 计，是专为测量溶液 pH 值或测量原电池电动势（mV）而设计的精密仪器，目前所用型号较多，但无论什么型号，其测量原理都相同，主要结构均由电极系统和原电池电动势测量系统组成。电极系统由玻璃电极和饱和甘汞电极或复合电极与被测溶液组成原电池，原电池电动势测量系统主要由原电池电动势测量和放大装置以及显示转换装置构成。不同型号的酸度计在结构上略有差别，但都有电源开关、指示灯、显示屏、电极接头、电极夹、温度补偿钮、定位调节钮、选择开关（pH‒mV）、斜率调节钮等部件。仪器精度不同，自动化程度不同。下面主要介绍 pHS‒3C 型酸度计。

pHS‒3C 型酸度计是一种数字显示的酸度计，仪器的最小显示单位为 0.01pH 或 1mV。其外形如图 8‒5 所示。

图 8‒5　pHS‒3C 型酸度计

图中各调节旋钮和开关的作用如下：

（1）模式转换：功能选择按钮，"pH"灯亮时，仪器处于 pH 值测量方式，用于溶液 pH 值的测定；" mV "灯亮时，仪器处于电动势测量状态，用于测量原电池的电动势。

（2）标定：用标准 pH 缓冲溶液标定时，仪器自动识别标准 pH 缓冲液的 pH 值，到达测量终点时，屏幕显示出相应标准 pH 缓冲溶液的标准 pH_S 值。

（3）温度调节：使用时将温度显示调节到标准 pH 缓冲溶液的温度值（预先用温度计测量）即可。

用酸度计测定溶液的 pH 值不受溶液中氧化剂、还原剂或其他活性物质、有色物质、胶体溶液或混浊溶液等影响，在临床检验中可以测定胃液、尿液等各种体液的 pH 值，在药物分析时常应用于注射液、大输液、滴眼液等制剂及原料药的酸碱度的检查，例如盐酸普鲁卡因注射液的 pH 值检查。但不能用于含氟溶液的 pH 测定。

酸度计测量溶液 pH 值时的注意事项：

（1）标定时，尽可能用接近样品 pH_x 值的标准 pH 缓冲溶液，且标定溶液的温度尽可能与样品溶液的温度一致。

（2）要保证标准 pH 缓冲溶液的 pH_s 值准确可靠。标准 pH 缓冲溶液一般可保存 2~3 个月。如发现有浑浊、发霉或沉淀等现象时，不能继续使用。

（3）不同的样品，应选择相适应的 pH 电极（例如测量强酸、强碱或者蒸馏水等）。

（4）将电极从一种溶液移入另一溶液之前，应用蒸馏水清洗电极，用滤纸将水吸干。不要刻意擦拭电极的玻璃球泡，否则可能导致电极响应迟缓。

（5）测定强酸、强碱或特殊性溶液（如含蛋白质、油漆等溶液），应尽量减少浸泡时间，用后仔细清洗。

知识链接

污染物质的清洗办法

一般污染物	清洗剂
无机金属氧化物	浓度低于 1mol/L 的稀酸
有机油脂类	弱碱性稀洗涤剂
树脂高分子物质	酒精、丙酮、乙醚等
蛋白质、血细胞沉淀物	酸性酶溶液（如食母生片）
颜料类物质	稀漂白液、过氧化氢等

课堂互动

使用酸度计测定溶液的 pH 值时为什么要用标准 pH 缓冲溶液标定？

二、其他离子浓度的测定

直接电位法也可以测定除氢离子以外的其他阴、阳离子的浓度，所用的电极为离子选择性电极。离子选择性电极是指对溶液中特定离子产生选择性响应的电极，通常作为指示电极。25℃时，离子选择性电极的电极电位与被测离子浓度的关系是：

$$\varphi = K' \pm \frac{0.0592}{n}\lg c \qquad (8-1)$$

式中 φ 为离子选择性电极的电极电位，K' 为电极常数但数值未知，n 为被测离子的电荷数，c 为被测离子的浓度，被测离子是阳离子计算时 "±" 选 "+"，被测离子是阴离子计算时 "±" 选 "−"。

离子选择性电极的类型

国际纯粹化学与应用化学联合会（简称 IUPAC）1975 年对离子选择性电极的定义为：离子选择性电极是一类电化学的传感器。它可分为基本电极（原电极）和敏化电极。基本电极是电极膜直接响应被测离子的离子选择性电极，根据电极膜材料的不同，又分为晶体电极和非晶体电极。敏化电极是一种复合型离子选择性电极，通过间接方法测定被测离子的浓度，根据界面反应的性质不同，又分为气敏电极和酶电极。

（一）总离子强度调节缓冲剂

离子选择性电极响应的是离子活度，而定量分析的结果是要求测出试液中被测离子的浓度。活度与浓度之间的差别与离子强度有关。当溶液中离子强度足够大且固定时，活度系数为常数，电极电位与被测离子的浓度之间的关系符合 Nernst 方程式，测出电极电位通过计算求得被测离子的浓度。

在实际工作中，溶液的稳定离子强度常采用在溶液中加入大量的惰性电解质来维持，加入的惰性电解质称为离子强度调节剂。为了使用方便，离子强度调节剂、缓冲溶液及掩蔽剂预先混合后，再加入被测溶液中，这种混合溶液称为总离子强度调节缓冲剂（简称 TISAB）。其作用是保持被测溶液与标准溶液有相同的离子强度和活度系数；维持溶液在适当的 pH 值范围内，满足电极的要求；消除干扰离子；促使液接电位稳定等。总离子强度调节缓冲剂对于分析的准确度有着至关重要的意义。

测定 F^- 离子浓度时，总离子强度调节缓冲剂的组成

1mol/L 的 NaCl，使溶液保持较大并稳定的离子强度；0.25mol/L 的 HAc 和 0.75mol/L 的 NaAc，使溶液的 pH 值维持在 5 左右；0.001mol/L 柠檬酸钠，掩蔽 Fe^{3+}、Al^{3+} 等干扰离子。

课堂互动

什么是总离子强度调节缓冲剂？加入它的目的是什么？

（二）定量分析方法

1. 标准曲线法

该方法是仪器分析常用的方法之一。在离子选择性电极的线性范围内，原电池电动势与溶液浓度的常用对数呈线性关系，在测量时，配制若干个浓度不同的标准溶液（加入总离子强度调节缓冲剂），按照浓度从小到大顺序测定各个标准溶液的原电池电动势，作 $E - \lg c$ 标准曲线。然后在被测溶液中也加入同样的总离子强度调节缓冲剂，与测定标准溶液相同的条件下测定被测溶液的原电池电动势（E_X），再从标准曲线上查出对应的 $\lg c$。此种方法称为标准曲线法。该方法应用范围广，适用于被测体系较简单的例行分析、批量样品分析，优点是即使电极响应不完全服从 Nernst 方程式也可得到满意结果。该方法要求被测溶液与标准溶液有相近的组成，离子强度一致，活度系数相同（加入等量的总离子强度调节缓冲剂），溶液温度相同。

2. 标准比较法

以已知离子浓度的标准溶液为基准，测定其原电池电动势，在同样的条件下测定被测溶液的原电池电动势，25℃时，用以下公式计算被测离子的活度：

$$\lg c_X = \lg c_S \pm \frac{n(E_X - E_S)}{0.0592} \tag{8-2}$$

例如，测定水样中的钙离子浓度。将钙离子选择性电极和饱和甘汞电极插入 100.0ml 水样中，25℃时，测得钙离子电极电位为 $-0.0619V$，同样方法测得浓度为 1.119×10^{-3}mol/L 硝酸钙标准溶液钙离子电极电位为 -0.0483 V。将测定数据代入上述公式，计算得试样中钙离子浓度为 3.88×10^{-4}mol/L。在临床检验中用此法测定血清中钙离子浓度。

除上述两种方法外，还有标准加入法等其他方法。

知识链接

标准加入法

先测定由被测溶液（c_X，V_X）和电极组成原电池的电动势 E_1，再向被测溶液中加入标准溶液（c_S，V_S），测量其原电池的电动势 E_2，用下式计算出被测离子浓度 c_X。

$$c_X = \frac{\triangle c}{10^{\triangle E/S} - 1}$$

标准加入法适用组成复杂、变动大的样品。优点是不需要绘制标准曲线（只需要一种浓度的标准溶液），不需要配制总离子强度调节缓冲剂，操作步骤简单快速。为保证能得到准确的结果，在加入标准溶液后，试液的离子强度应无显著变化。

用离子选择性电极测定离子浓度，设备简单，测定快速，且不破坏样品，不受样品颜色、浑浊度的影响。不仅可测定 Na^+、K^+、NH_4^+、CN^-、S^{2-} 等无机离子，还可测定尿素、氨基酸、青霉素等有机物，是一种很有前途的分析技术。

离子选择性电极的测量方法有哪些?

第三节 永停滴定法

永停滴定法又称为双指示电极电流滴定法,是电流滴定法中一种简便方法,是根据滴定过程中插入被测溶液中的双铂电极间的电流变化来确定化学计量点的电流滴定法。测量时,将两个指示电极插入被测溶液中,在双铂电极间加一小电压(10 ~ 200mV),连一电流计,然后进行滴定,观察滴定过程中两电极间的电流变化,确定化学计量点。

一、基本原理

永停滴定法是利用滴定过程中溶液可逆电对的形成,双铂电极回路中电流突变来指示终点的方法。例如,在含 I_2/I^- 电对溶液中插入铂电极,铂电极将反映出 I_2/I^- 电对的电极电位;若在溶液中插入两个铂电极,则两个铂电极的电极电位相同,即两个电极之间的电位差为零,没有电流通过。若在两个铂电极间外加一个小电压,两电极上就能同时发生氧化还原反应:

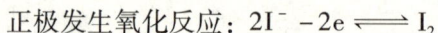

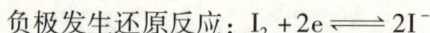

$$正极发生氧化反应:2I^- - 2e \Longrightarrow I_2$$

$$负极发生还原反应:I_2 + 2e \Longrightarrow 2I^-$$

只有两个电极同时发生反应,外电路才有电流通过。在外加电压下发生的电极反应称为电解反应,电解反应产生的电流称为电解电流。永停滴定过程中,电解电流的大小由溶液中氧化态或还原态浓度决定。当氧化态和还原态浓度相等时,电流最大;当氧化态和还原态浓度不等时,电流的大小取决于浓度小的氧化态或还原态的浓度。

像 I_2/I^- 这样的电对,电极反应是可逆的,它们在溶液中与双铂电极组成电池,外加一个很小的电压就能产生电解作用,有电流通过,这样的电对称为可逆电对。永停滴定法中常见的可逆电对有 I_2/I^-、Fe^{3+}/Fe^{2+}、Ce^{4+}/Ce^{3+} 等。

而 $S_4O_6^{2-}/S_2O_3^{2-}$ 电对,在该电对溶液中插入双铂电极,外加一小电压时,正极上 $S_2O_3^{2-}$ 发生氧化反应,即 $2S_2O_3^{2-} - 2e \Longrightarrow S_4O_6^{2-}$,但在负极上不能同时发生 $S_4O_6^{2-}$ 被还原的反应,电路中没有电流通过。这样的电对称为不可逆电对。

什么是可逆电对、不可逆电对?永停滴定法中常见的可逆电对有哪些?

根据滴定过程中电流的变化情况,永停滴定法分为三种类型。

1. 可逆电对滴定不可逆电对

以 I_2 标准溶液滴定 $Na_2S_2O_3$ 溶液为例。将两个铂电极插入 $Na_2S_2O_3$ 溶液中，外加 10～15mV的电压，用灵敏电流计检测两电极间的电流。计量点前，溶液中只有 I^- 和不可逆电对 $S_4O_6^{2-}/S_2O_3^{2-}$，无电流通过；达化学计量点，稍过量 I_2 标准溶液，溶液中有 I_2/I^- 可逆电对存在，电极间有电流通过，此时电流计指针突然从"0"位发生偏转，从而指示滴定终点的到达；计量点后，随着 I_2 溶液的浓度增大，电解电流也逐渐增大。滴定过程中的电流变化曲线如图8-6所示。

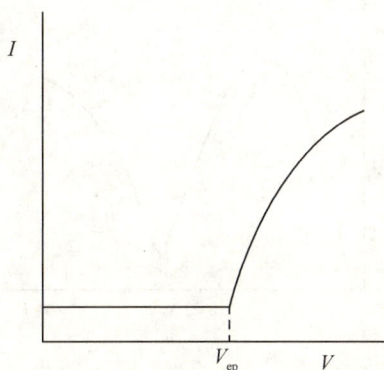

图 8-6　I_2 标准溶液滴定 $Na_2S_2O_3$ 溶液的滴定曲线

2. 不可逆电对滴定可逆电对

以 $Na_2S_2O_3$ 标准溶液滴定含 KI 的 I_2 溶液为例。滴定开始时，溶液中存在 I_2/I^- 可逆电对，有电流通过；随着滴定不断进行，I_2 溶液浓度逐渐减小，电流也随之降低；化学计量点时，I_2 与 $Na_2S_2O_3$ 完全反应，溶液中只有 $S_4O_6^{2-}$ 和 I^-，无可逆电对，电解反应基本停止，此时电流计的指针停留在"0"位并保持不动，永停滴定法由此而得名。滴定过程中的电流变化曲线如图8-7所示。

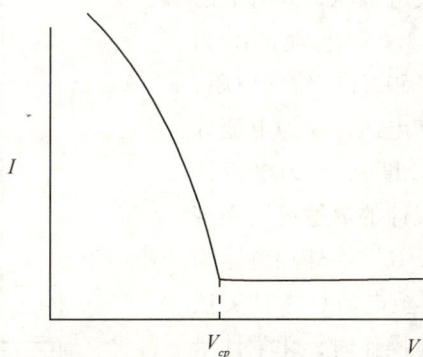

图 8-7　$Na_2S_2O_3$ 标准溶液滴定 I_2 溶液的滴定曲线

3. 可逆电对滴定可逆电对

以硫酸铈标准溶液滴定硫酸亚铁溶液为例。滴定前溶液中只有 Fe^{2+}，无 Fe^{3+} 存在，负极不发生氧化还原反应，两电极间无电流通过；滴定开始后，Ce^{4+}离子不断滴入时，Fe^{3+}离子不断增多，Fe^{3+}/Fe^{2+}属可逆电对，故电流也随Fe^{3+}浓度的增大而增大；当$[Fe^{3+}] = [Fe^{2+}]$时，电流达最大值；继续滴入Ce^{4+}离子，Fe^{2+}浓度逐渐下降，电流也逐渐降低，当到达化学计量点时电流降至最低点；计量点后，Ce^{4+}离子过量，溶液中有了Ce^{4+}/Ce^{3+}可逆电对，电流随着Ce^{4+}离子浓度逐渐变大。滴定过程中的电流变化曲线如图8-8所示。

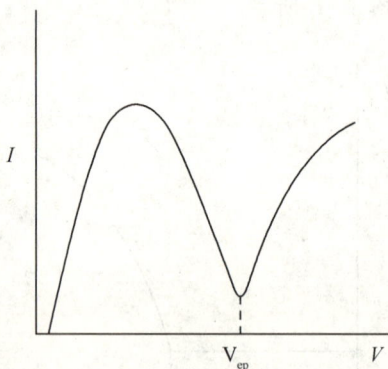

图8-8　硫酸铈标准溶液滴定硫酸亚铁溶液的滴定曲线

■ 课堂互动

　　永停滴定法中电流曲线有哪几类？各由什么滴定体系形成？

二、永停滴定仪

　　永停滴定法的仪器装置，如图8-9所示。两个铂电极与被测溶液组成电解池，并有电磁搅拌器搅动溶液。B为1.5V电池，R为5000Ω左右的电阻，R'为500Ω的绕线电阻，调节R'可得到所需的外加电压，G为电流计（灵敏度为$10^{-7} \sim 10^{-9}$ A/分度），S为电流计的分流电阻，用来调节电流计的灵敏度。滴定时，按图安装好仪器，调节R'使外加电压为10～30mV左右，然后滴定至电流计指针突然偏转，即为滴定终点。具体操作时，化学计量点可以通过边滴定边观察电流计的变化来确定，也可以每加一次标准溶液记录一次电流，然后以电流为纵坐标，标准溶液体积为横坐标绘制滴定曲线，在滴定曲线上找出化学计量点。

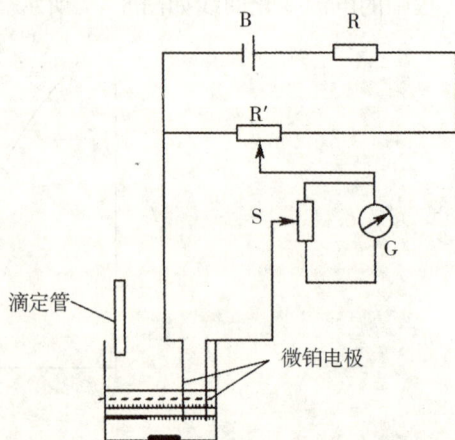

图8-9　永停滴定仪装置示意图

课堂互动

简述永停滴定仪的基本原理，自己组装需要哪些原件？

三、应用与实例

永停滴定法仪器简单，操作方便，滴定终点判断直观、准确，易于实现自动滴定，故应用日益广泛。《中国药典》（2010 年版）规定重氮化滴定法和卡尔－费休法滴定微量水分用永停滴定法确定化学计量点。

（一）用亚硝酸钠标准溶液测定芳伯胺的含量

盐酸普鲁卡因原料药的含量测定：精密量取本品约 0.6g，置于烧杯中，加水溶解后，用永停滴定仪中的 0.1mol/L 亚硝酸钠标准溶液滴定，其滴定反应为：

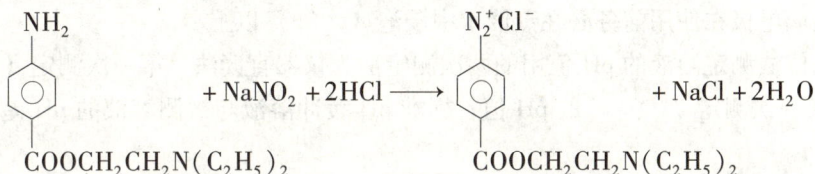

$$NH_2 \cdots COOCH_2CH_2N(C_2H_5)_2 + NaNO_2 + 2HCl \longrightarrow N_2^+Cl^- \cdots COOCH_2CH_2N(C_2H_5)_2 + NaCl + 2H_2O$$

由于化学计量点前溶液中不存在可逆电对，电流计指针停止在"0"位。当到达化学计量点时，有稍过量亚硝酸钠标准溶液，溶液中便有 HNO_2 及其分解产物 NO，并组成可逆电对，在两个电极上发生的电解反应如下：

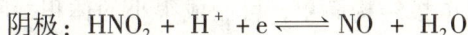

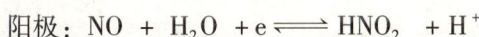

$$阴极：HNO_2 + H^+ + e \Longleftrightarrow NO + H_2O$$

$$阳极：NO + H_2O + e \Longleftrightarrow HNO_2 + H^+$$

电路中有电流通过，电流计指针将发生偏转不再回复。用永停滴定法确定重氮化滴定法的滴定终点，比外指示剂法及内指示剂法准确。

（二）卡尔－费休法测定微量水分

样品中的水分与卡尔－费休试剂定量反应，即碘标准溶液和二氧化硫在吡啶和甲醇溶液中与水定量反应，属于可逆电对滴定不可逆电对。化学计量点前溶液不存在可逆电对，电流计指针停止在"0"位。达化学计量点，稍过量 I_2 标准溶液，溶液中有 I_2/I^- 可逆电对存在，电极反应为：

正极：$2I^- - 2e \Longleftrightarrow I_2$

负极：$I_2 + 2e \Longleftrightarrow 2I^-$

电路中开始有电流产生，电流计指针偏转不再回"0"位。永停滴定法指示滴定终点，比碘标准溶液自身指示剂准确灵敏。

■ 课堂互动

设计方案测定青霉素 V 钾中的水分含量。

同步训练

一、填空题

1. 永停滴定法是根据滴定过程中插入被测溶液中的双铂电极间的（　　）变化来确定化学计量点的电流滴定法。

2. 永停滴定法的化学电池中，在正极上发生（　　）反应，负极上发生（　　）反应。

3. 玻璃电极在使用前务必在蒸馏水中浸泡（　　）以上。

4. 电位法测定溶液的 pH 值用的两次测定法为仪器直读法，第一次测定（　　）的 pH 值，第一次测定（　　）的 pH 值；标准 pH 缓冲溶液与被测溶液的 pH 差值不能大于（　　）。

5. 电位分析法使用的化学电池由两种性能不同的电极组成，其中电位值已知并恒定的电极称为（　　），电位值随溶液中被测离子浓度的变化而变化的电极称为（　　）。

6. 因为银－氯化银电极结构简单，可制成很小的体积，所以常作玻璃电极和离子选择性电极的（　　）。

7. 根据原电池电动势和离子浓度之间的函数关系，直接测出有关离子浓度的方法称为（　　）。

8. 将化学能转变为电能的装置称为（　　），即电极反应能够自发进行；将电能转变为化学能的装置，称为（　　）。

9. 利用离子选择性电极测定被测离子的浓度，实际工作中常采用（　　）、（　　）和标准加入法等。

二、单选题

1. 甘汞电极的电极电位与下列哪项有关（　　）

　　A. $[H^+]$ 　　　　　　　B. $[Cl^-]$ 　　　　　　　C. P_{H_2}（氢气分压）

　　D. $[AgCl]$ 　　　　　　E. P_{Cl_2}（氯气分压）

2. 用直接电位法测定溶液的 pH 值，要求标准 pH 缓冲溶液的 pH 值与被测溶液的 pH 值之差小于 ±（　　）

　　A. 0 　　　　　　　　　B. 1 　　　　　　　　　C. 2

　　D. 3 　　　　　　　　　E. 4

3. 在永停滴定法中，当通过电池的电流达到最大时，其氧化态与还原态的浓度状况是（   ）

        A. 氧化态的浓度大于还原态的浓度

        B. 氧化态的浓度等于零

        C. 氧化态的浓度小于还原态的浓度

        D. 还原态的浓度等于零

        E. 氧化态的浓度等于还原态的浓度

4. 永停滴定法属于（   ）

        A. 电位滴定法   B. 电导滴定法   C. 电流滴定法

        D. 氧化还原滴定法   E. 酸碱滴定法

5. 消除玻璃电极的不对称电位常采用的方法是（   ）

        A. 用两次测定法   B. 用热水浸泡玻璃电极   C. 用酸浸泡玻璃电极

        D. 用碱浸泡玻璃电极   E. 用水浸泡玻璃电极

6. 玻璃电极的电极电位与下列哪项浓度有关（   ）

        A. K^+ B. H^+ C. Ag^+

        D. Hg^{2+} E. Cu^{2+}

7. 测定溶液 pH 的指示电极是（   ）

        A. 银电极   B. 甘汞电极   C. 玻璃电极

        D. 锑电极   E. 银－氯化银电极

三、计算题

用（－）玻璃电极｜H^+（x mol/L）‖ SCE（＋）电池测量溶液 pH 值，在 25℃时，测得 pH =4.00 的标准 pH 缓冲溶液的原电池电动势为 0.209V，测得被测溶液的原电池电动势为 0.322V，计算被测溶液的 pH 值。

第九章 紫外－可见分光光度法

知识要点

单色光；溶液的颜色；透光率；吸光度；最大吸收波长；光的吸收定律；吸光系数；紫外－可见分光光度计主要部件；定量分析方法；测量条件的选择。

紫外－可见分光光度法是通过测定被测物质在紫外－可见光区（200～760nm）的吸光度，对被测物质进行定性、定量和结构分析的方法，它具有如下特点：

1. 灵敏度高

检测下限低，适用于微量或痕量组分的分析。

2. 准确度和精密度比较高

在定量分析时，相对误差为1%～5%。

3. 选择性比较好

可以对单组分溶液进行定量分析；在一定条件下，也可以利用吸光度的加和性，对多组分溶液进行定量分析。

4. 应用范围广

仪器设备简单，价格低廉，操作简便，测定快速。因此，广泛应用于临床检验、药物检测、环境保护和工农业生产等领域。

第一节 基本原理

一、溶液的颜色

人眼能感觉到的光称为可见光。在可见光范围内，波长不同的光具有不同的颜色，但波长相近的光，其颜色并没有明显的差别，不同颜色之间是逐渐过渡的。各种颜色光的近似波长范围，如表9－1所示。

表9－1　各种色光的近似波长范围

光的颜色	波长范围（nm）	光的颜色	波长范围（nm）
红色	760～650	青色	500～480
橙色	650～610	蓝色	480～450
黄色	610～560	紫色	450～400
绿色	560～500		

知识链接

紫外光区和可见光区的波长

波长在200～400nm近紫光区的光称为紫外光（也称紫外线），波长在400～760nm的光称为可见光。光的波长越长，其能量越小；光的波长越短，其能量越大。

单一波长的光称为单色光；由不同波长的光混合而成的光称为复合光。例如，白光（日光、白炽灯光）就是由各种不同颜色的光按照一定强度比例混合而成的。如果让一束复合光通过棱镜或光栅，就能散射出多种颜色的光，这种现象称为光的色散。

如果两种适当颜色的单色光按一定强度比例混合，可以得到白光，则这两种单色光互称补色光，如图9－1所示。

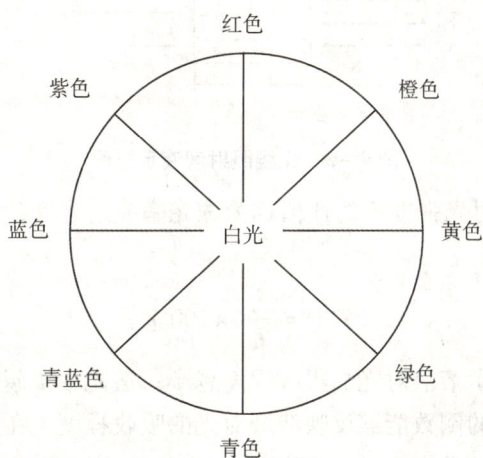

图9－1　互补色光的示意图

在图9－1中，圆的每条直径的两个端点，分别代表两种颜色的光，如果将它们按一定强度比例混合，就可以得到白光。例如，紫色光和绿色光互称补色光；蓝色光和黄色光互称补色光。可见，日光和白炽灯光都是由很多对互补色光按一定强度比例混合而成的。

溶液呈现不同的颜色，是由于溶液中的溶质（分子或离子）选择性地吸收了白光中某种颜色的光而引起的。当一束白光通过某溶液时，如果该溶液对任何颜色的光都不吸收，则溶液无色透明；如果该溶液对任何颜色的光的吸收程度相同，则溶液灰暗透明；如果溶液吸收了其中某一颜色的光，则溶液呈现透过光的颜色，即呈现溶液所吸收色光的补色光的颜色。例如，高锰酸钾溶液能够吸收白光中的青绿色光而呈现紫红色，再如，硫酸铜溶液能够吸收白光中的黄色光而呈现蓝色。

■ 课堂互动

　　一束白光透过红色玻璃片后，何种颜色的光被吸收了？何种颜色的光几乎不被吸收？

二、透光率与吸光度

当一束平行的单色光照射溶液时，若入射光强度为 I_0，吸收光强度为 I_a，透射光强度为 I_t（如图 9-2 所示），则入射光强度、吸收光强度和透射光强度之间的关系为：

$$I_0 = I_a + I_t \tag{9-1}$$

吸收池

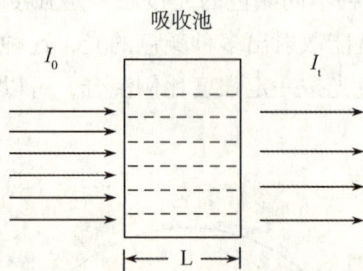

图 9-2　光线照射溶液示意图

透射光强度 I_t 与入射光强度 I_0 的比值称为透光率或透光度，常用 T 或 $T\%$（百分透光率）表示，即：

$$T\% = \frac{I_t}{I_0} \times 100\% \tag{9-2}$$

透光率 T 越大，表示溶液对光的吸收程度越小；透光率 T 越小，表示溶液对光的吸收程度越大。透光率 T 的倒数能够反映溶液对光的吸收程度。在实际应用时，用透光率的负对数表示溶液对光的吸收程度，称为吸光度或吸收度，用 A 表示，所以，透光率和吸光度之间的关系为：

$$A = \lg \frac{1}{T} = \lg \frac{I_0}{I_t} = -\lg T \tag{9-3}$$

$$T = 10^{-A} \tag{9-4}$$

三、吸收光谱曲线

在溶液浓度和液层厚度一定的条件下，分别测定溶液对不同波长的入射光的吸光度，以波长（λ）为横坐标，以对应的吸光度（A）为纵坐标绘制曲线，这条曲线称为吸收光谱曲线，简称吸收曲线，有时也称为吸收光谱或 A－λ 曲线。例如，用不同波长的可见光，分别测定三种不同浓度的 $KMnO_4$ 溶液的吸光度，在同一坐标系中，可以绘制出三条形状相似的吸收曲线，如图9－3所示。

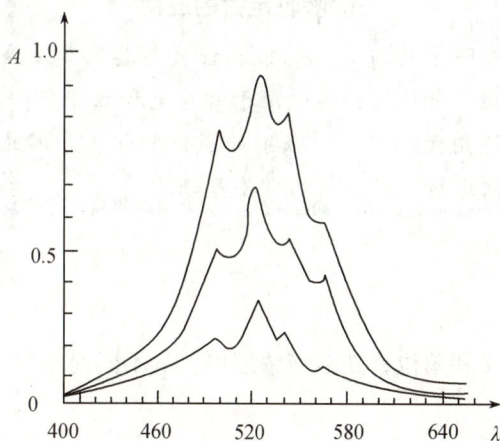

图9－3　不同浓度高锰酸钾溶液的吸收曲线

曲线上的凸起部分称为吸收峰；吸光度最大值所对应的波长称为最大吸收波长，常用 λ_{max} 表示。图9－3反映了不同浓度 $KMnO_4$ 溶液分别对不同波长的光的吸收情况，其中的三条吸收曲线具有如下特点：

1. 同种溶液对不同波长的光的吸收程度是不同的，即物质对光具有选择性的吸收。

2. $KMnO_4$ 溶液对525nm附近的青绿色光有最大吸收，即 $KMnO_4$ 溶液的 λ_{max} ＝525nm。

3. 在相同条件下，同一物质的不同浓度的溶液，其吸收曲线相似，且 λ_{max} 相同，这是分光光度法进行定性分析的依据。

4. 当入射光波长一定时，溶液浓度越大，其吸光度数值也越大，这是分光光度法进行定量分析的基础。

在分光光度法中，为了获得较高的测定灵敏度，常用最大吸收波长的光作为入射光。

四、光的吸收定律

光的吸收定律的物理意义是，当一束平行的单色光通过均匀、无散射的含有吸光性物质的溶液时，在入射光的波长、强度及溶液的温度等条件不变的情况下，该溶液的吸光度（A）与溶液的浓度（c）及液层厚度（L）的乘积成正比。其数学表达式为：

$$A = kcL \tag{9-5}$$

在一定条件下，k 为常数，称为吸光系数。

注意：光的吸收定律仅适用于一定浓度范围的稀溶液。

光的吸收定律是朗伯（Lambert）和比尔（Beer）在研究有色溶液对光的吸收度（A）与液层厚度（L）及浓度（c）的关系时得出的结论，又称为朗伯－比尔定律。

在实际工作中，常用相同厚度的吸收池（比色杯）进行测定，即液层厚度 L 是一定值，光的吸收定律表现为比尔定律，其数学表达式为：

$$A = kc \qquad\qquad (9-6)$$

光的吸收定律的应用

光的吸收定律表明了物质对光的吸收程度与其浓度及液层厚度之间的数量关系，它不仅适用于可见光，还适用于紫外光和红外光；不仅适用于均匀、无散射的溶液，还适用于均匀、无散射的固体和气体。因此，光的吸收定律也是其他分光光度法进行定量分析的理论基础。

五、吸光系数

吸光系数的物理意义和单位，随溶液浓度单位的不同而不同。吸光系数有两种表示方法。

1. 摩尔吸光系数

在入射光波长一定时，溶液浓度为 1mol/L，液层厚度为 1cm 时的吸光度，称为摩尔吸光系数，常用 ε 表示，其单位为 L/mol·cm。通常情况下，$\varepsilon \geqslant 10^4$ 时称为强吸收，$\varepsilon < 10^2$ 时称为弱吸收，ε 介于两者之间时称为中强吸收。

2. 吸收系数

在入射光波长一定时，溶液浓度为 1g/L，液层厚度为 1cm 时的吸光度，称为吸收系数，常用 α 表示，其单位为 L/g·cm。

ε 和 α 不能直接测定，通常是通过测定已知准确浓度的稀溶液的吸光度，根据光的吸收定律的数学表达式计算求得，即：

$$\varepsilon = \frac{A}{cL}, \ \alpha = \frac{A}{\rho L}$$

根据上述定义，摩尔吸光系数和吸收系数之间的换算关系是：

$$\varepsilon = \alpha \cdot M \qquad\qquad (9-7)$$

百分吸光系数

在《中国药典》中，吸光系数常用百分吸光系数（$E_{1cm}^{1\%}$）（也称比吸光系数）描述。指在波长一定时，溶液浓度为 1%，液层厚度为 1cm 时的吸光度，其单位为 100ml/g·cm。百分吸光系数（$E_{1cm}^{1\%}$）和摩尔吸光系数（ε）、吸收系数（α）之间的换算关系分别是：

$$E_{1cm}^{1\%} = 10\,\alpha, \ E_{1cm}^{1\%} = \varepsilon \frac{10}{M}$$

当入射光的波长、溶剂的种类、溶液的温度和仪器的质量等因素确定时，吸光系数仅与被测物质的本性有关，是物质的特征常数之一，可以表示物质在单位浓度及单位液层厚度时对某一特定波长光的吸收能力。

不同物质对同一波长的单色光吸光系数不同，同一物质对不同波长的单色光吸光系数也不同。一般用物质的最大吸收波长（λ_{max}）的吸光系数，作为一定条件下衡量测定灵敏度的特征常数。

ε 或 α 越大，表明溶液对某一波长的光越容易吸收，用该波长的光测定时，灵敏度越高。如果 ε 值大于 10^3，就可以用于定量测定。

例1　用二硫腙测定 Cd^{2+} 溶液的吸光系数。若配制 Cd^{2+} 的浓度为 $140.5\mu g/L$ 的溶液，在 $\lambda_{max}=525nm$ 波长处，用厚度为 $1cm$ 的吸收池测定其吸光度，A 为 0.220，试计算摩尔吸光系数。

已知：Cd^{2+} 的摩尔质量为 $112.4g/mol$，$c_{Cd^{2+}}=\dfrac{140.5\times10^{-6}}{112.4}=1.250\times10^{-6}\ mol/L$，

$L=1.00cm$，$A=0.220$

求：$\varepsilon_{525}=?$

解：由光的吸收定律可知，$A=\varepsilon_{525}\cdot c_{Cd^{2+}}\cdot L$

$$\therefore \varepsilon_{525}=\frac{A}{c_{Cd^{2+}}\cdot L}=\frac{0.220}{1.250\times10^{-6}\times1.00}=1.76\times10^5\ (L/mol\cdot cm)$$

答：摩尔吸光系数为 $1.76\times10^5\ L/mol\cdot cm$。

例2　Fe^{2+} 标准溶液的浓度为 $500\mu g/L$，用邻菲罗啉显色后，置于厚度为 $1cm$ 的吸收池中，在 $\lambda_{max}=508nm$ 波长处，测得溶液的吸光度为 0.099，试计算该溶液的吸收系数和摩尔吸光系数。

已知：Fe^{2+} 的摩尔质量为 $55.85g/mol$，Fe^{2+} 的浓度为 $500\mu g/L$，Fe^{2+} 与邻菲罗啉以 $1:1$ 的比例发生显色反应，即：$\rho=5.00\times10^{-4}g/L$，$L=1.00cm$，$A=0.099$。

求：$\alpha=?$　　$\varepsilon_{508}=?$

解：由光的吸收定律和式 $9-7$ 可知：

$$\alpha=\frac{A}{\rho L}=\frac{0.099}{5.00\times10^{-4}\times1.00}=198\ (L/g\cdot cm)$$

$$\varepsilon_{508}=\alpha\times M=198\times55.85=1.11\times10^4\ (L/mol\cdot cm)$$

答：该溶液的吸收系数为 $198\ L/g\cdot cm$，摩尔吸光系数为 $1.11\times10^4\ L/mol\cdot cm$。

例3　用氯霉素（分子量为 323.15）纯品配制 $100ml$ 含 $2.00mg$ 氯霉素的溶液，以 $1.00cm$ 厚的吸收池在 $278nm$ 波长处测得其百分透光率为 24.3%，试计算氯霉素在 $278nm$ 波长处的摩尔吸光系数和比吸光系数。

已知：$c=2.00\times10^{-3}/100=0.00200g/ml$，$T=24.3\%=0.243$

求：$E_{1cm}^{1\%}=?$，$\varepsilon_{278}=?$

解：$\because A=-\lg T=E_{1cm}^{1\%}\cdot L\cdot c$

$$\therefore E_{1cm}^{1\%}=\frac{-\lg T}{c\cdot L}=\frac{-\lg0.243}{0.00200\times1.00}=\frac{0.614}{0.00200}\times1.00=307\ (100ml/g\cdot cm)$$

$$\because E_{1cm}^{1\%} = \varepsilon \frac{10}{M}$$

$$\therefore \varepsilon_{278} = E_{1cm}^{1\%} \times \frac{M}{10} = 307 \times \frac{323.15}{10} = 9921 \ (\text{L/mol·cm})$$

答：氯霉素在278nm波长处的摩尔吸光系数和比吸光系数分别为9921 L/mol·cm 和 307 100ml/g·cm。

六、偏离光的吸收定律的因素

用某一波长的单色光测定溶液的吸光度时，若吸收池厚度一定，根据式（9-6），$A = kc$，在 $A-c$ 坐标系中，它是一条通过坐标原点的直线，称为标准曲线，或称为工作曲线，也称为 $A-c$ 曲线。这是标准曲线法（定量分析）的依据。

在实际工作中，标准曲线在高浓度一端往往会发生弯曲，即偏离光的吸收定律，如图9-4所示。

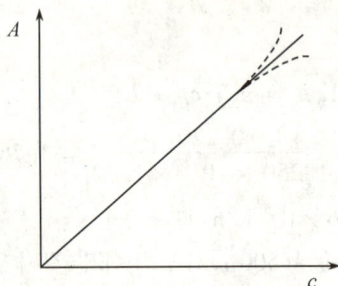

图9-4　偏离光的吸收定律示意图

偏离光的吸收定律的因素主要有两方面：

（一）化学因素

1. 吸光性物质溶液的浓度

光的吸收定律通常只适用于一定范围的稀溶液。当吸光性物质溶液的浓度大于 0.01mol/L 时，吸光质点间的平均距离缩小，邻近质点彼此的电荷分布会相互影响，使每个质点吸收特定波长光波的能力发生改变，以致于吸光系数发生改变；同时，高浓度溶液对光的折射率发生改变，致使测定到的吸光度产生偏离。

2. 吸光性物质的化学变化

溶液中的吸光性物质常因离解、缔合、形成新化合物或互变异构等化学变化而改变吸光性物质的浓度，致使测定到的吸光度产生偏离。

（二）光学因素

光的吸收定律只适用于平行的单色光。在实际工作中，紫外-可见分光光度计的单色器获得的入射光并非纯粹的平行单色光，而且还混杂一些与所需的光波长不符的光

（称为杂散光），会影响吸光度的测定值。

另外，入射光通过折射率不同的两种介质的界面时，有一部分光被反射而损失，还有一部分光会因吸光质点的散射作用而损失，导致偏离光的吸收定律。

第二节　紫外-可见分光光度计

一、紫外-可见分光光度计

在紫外-可见光区，能够任意选择不同波长的光测定溶液的吸光度（或透光率）的仪器，称为紫外-可见分光光度计。用于测定紫外光区和可见光区的吸光度。

（一）基本结构

这类仪器的型号繁多，外形和质量差别很大，但其工作原理和基本结构相似，各种型号的紫外-可见分光光度计均由下列五个主要部件所组成。

1. 光源

光源能够发射出强度足够且稳定的连续光谱，不同光源可以提供不同波长范围的光。常用的光源有如下两类。

（1）钨灯或卤钨灯　钨灯或卤钨灯均属于热辐射光源，可以发射波长范围为350～800nm的连续光谱，用于可见光区的测定。钨灯又称白炽灯，其发光强度与灯的工作电压的3～4次方成正比，工作电压的微小波动就会引起发光强度的很大变化，故需用稳压器，保证光源的发光强度稳定。卤钨灯是在钨灯灯泡内填充碘或溴的低压蒸气，由于灯内卤元素的存在，减少了钨原子的蒸发，所以使用寿命较长，发光效率高。

（2）氢灯或氘灯　氢灯和氘灯都是气体放电发光体，可以发射波长范围为150～400nm的连续光谱，用于紫外光区的测定。由于玻璃对紫外光有较强的吸收，所以灯泡应用石英窗或用石英灯管制成。氘灯的价格比氢灯高，但氘灯的发光强度和使用寿命比氢灯长2～3倍，故现在的仪器大多用氘灯，配有专用的电源装置，确保稳定的工作电流。

2. 单色器

单色器是将光源发射出的复合光色散，并从中分离出所需波长单色光的光学系统。单色器的性能直接影响入射光的单色性，从而影响到测定的灵敏度、准确度、选择性及标准曲线的线性关系等。

单色器由进光狭缝、准直镜、色散元件和出光狭缝四个部件组成，其光路原理如图9-5所示。来自光源的复合光，经聚光后进入进光狭缝，经准直镜变成平行光，投射于光栅，再经另一准直镜变成平行的单色光，射出出光狭缝。转动色散元件的方向，可获得所需波长的单色光。

（1）色散元件　色散元件是单色光器的关键部件，起到分光的作用。色散元件有棱镜和光栅两种。

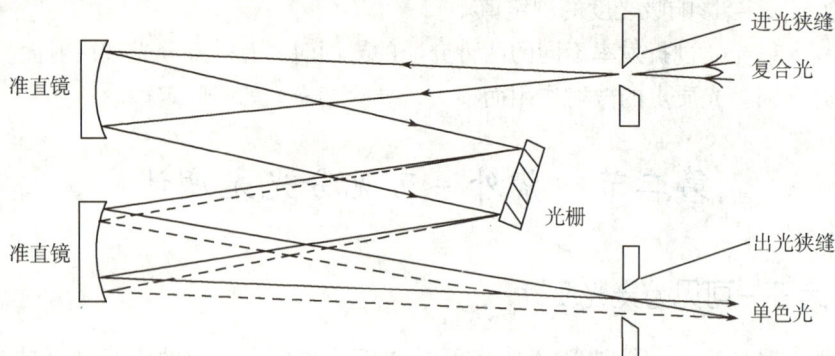

图 9 – 5　单色器的光路原理示意图

棱镜是用玻璃或石英材料制得的三棱镜。玻璃棱镜对可见光的色散率比石英大，但会吸收紫外光，故只适用于可见光区域；石英棱镜不吸收紫外光，并对紫外光的色散好。

光栅是一种在高度抛光的玻璃或合金表面上刻有许多等宽、等距的平行条痕的色散元件。光栅的分辨率比棱镜高，使用波长范围宽，可用于紫外、可见、近红外光等光谱区域。

(2) **准直镜**　准直镜由一组聚光镜和凸透镜组成。其作用是将进、出单色器的非平行光转变成平行光。

(3) **狭缝**　狭缝是光的进、出口，是单色器的重要组成部分，关系到单色器分辨率的高低，直接影响分光质量。狭缝是由具有很锐刀口的两个金属片精密加工制成的，两个刀口之间必须严格平行，并且处在相同的平面上。进光狭缝的作用是限制杂散光进入单色光器，出光狭缝的作用是允许所需单色光射出单色光器。狭缝过宽，获得的单色光不纯，影响吸光度的测定。狭缝的宽度越窄，获得的单色光越纯，但是，光通量和光的强度同时变小，会降低测定的灵敏度。因此，测定时要调节适当的狭缝宽度。

3. 吸收池

用来盛放溶液的容器称为吸收池，也叫比色皿或比色杯。在可见光区测定时，使用光学玻璃或石英材质制成的吸收池；在紫外光区测定时，必须使用石英材质制成的吸收池。用于盛放参比溶液和被测溶液的吸收池应该相互匹配，即测定条件不变，盛放同一溶液测定透光率，其相对误差应小于 0.5%。吸收池有两个透光面，其内壁和外壁都要特别注意保护，避免摩擦、留下指纹、痕迹、油腻和污物。如果外壁沾有残液，只能用软纸或绢布吸干。

4. 检测器

检测器是能够将通过吸收池的光信号转换为电信号的光电元件。常用的有光电管和光电倍增管。

光电管是由一个丝状阳极和一个光敏阴极组成的真空（或充少量惰性气体）二极管（如图 9 – 6 所示）。光敏阴极的凹面镀有一层碱金属或碱金属氧化物等光敏材料，受光照射时能够发射电子，流

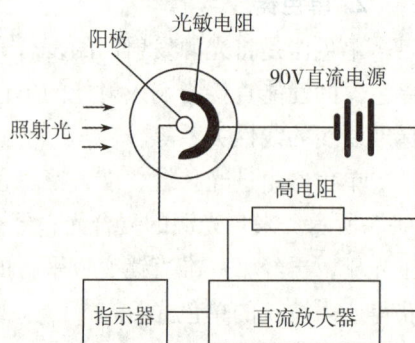

图 9 – 6　光电管的结构示意图

向阳极而形成电流，称为光电流。尽管光电流很小，但很容易被放大。照射光的强度越大，形成的光电流也越大。

知识链接

光电管

常用的光电管有两种：一是紫敏光电管，用于检测波长为 $200\sim625\,nm$ 的光；二是红敏光电管，用于检测波长为 $625\,nm\sim1000\,nm$ 的光。

光电倍增管是在光敏阴极和阳极之间多了几个倍增级（一般是九个），各倍增级之间的电压依次增高90V。光电倍增管的工作原理与光电管相似（如图9-7所示），阴极被光照射后发射电子，电子被第一倍增级的高电压加速并撞击其表面时，能够发射出更多的电子。如此经过多个倍增级后，发射的电子大大增加，被阳极收集后，能够产生较强的光电流。此电流还可以进一步被放大，从而增加检测的灵敏度。光电倍增管可以检测弱光，但不能用于检测强光。

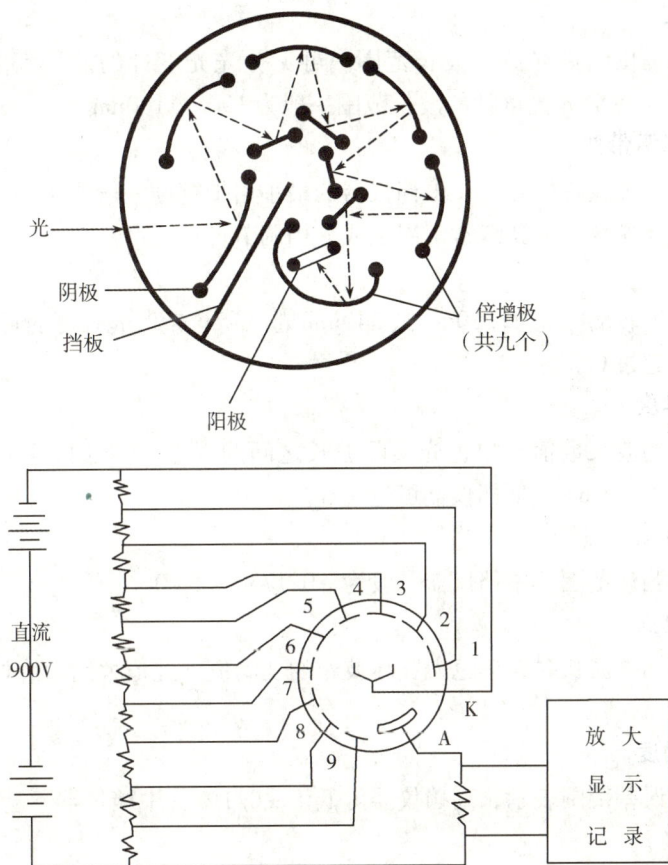

图 9-7 光电倍增管的结构示意图

近年来，有些分光光度计采用了多道检测器。

5. 讯号处理与显示器

光电流经过放大处理后输入显示器，将测量结果以某种方式显示出来。显示的测定数据结果有透光率和吸光度，有的还显示浓度、吸光系数和吸收曲线等。常用的显示方式有电表指示、数字显示、荧光屏显示、曲线描绘和打印输出等。

课堂互动

指针式显示器用的是微安电表，在微安电表的标尺上，从左到右 0～100 等分刻线表示透光率，而对应的吸光度为 ∞～0 不等距刻线，为什么？

（二）光学性能

紫外 – 可见分光光度计的光学性能可以从以下几个方面进行考查和比较。

1. 测光方式

指仪器显示的测定数据结果，如透过率、吸光度、浓度、吸光系数等。

2. 波长范围

指仪器可以提供测量光波的波长范围。可见分光光度计的波长范围一般为 $400～1000nm$，紫外 – 可见分光光度计的波长范围一般为 $190～1100nm$。

3. 狭缝或光谱带宽

是仪器单色光纯度指标之一，中档仪器的最小谱带宽度一般小于 $1nm$。棱镜仪器的狭缝连续可调，光栅仪器的狭缝常常固定或分档调节。

4. 杂散光

通常以光强度较弱处（如 $220nm$ 或 $340nm$ 处）所含杂散光强度的百分比作为指标。中档仪器一般不超过 0.5%。

5. 波长准确度

指仪器显示的波长数值与单色光实际波长之间的误差，高档仪器可低于 $±0.2nm$，中档仪器大约为 $±0.5nm$，低档仪器可达 $±5nm$。

6. 吸光度范围

指吸光度的测量范围。中档仪器一般为 $-0.1730～2.00$。

7. 波长重复性

指重复使用同一波长时，单色光实际波长的变动值。此值大约为波长准确度的二分之一。

8. 测光准确度

常以透光率误差范围表示，高档仪器可低于 $±0.1\%$，中档仪器不超过 $±0.5\%$，低档仪器可达 $±1\%$。

9. 光度重复性

指在相同测量条件下，重复测量吸光度值的变动性。此值大约为测光准确度的二分之一。

10. 分辨率

指仪器能够分辨出最靠近的两条谱线间距的能力。高档仪器可低于 0.1nm，中档仪器一般小于 0.5nm。

二、可见分光光度计

常用的可见分光光度计有 721 型和 722 型两种。

1. 仪器的外形

国产 721 型分光光度计的外形如图 9 - 8 所示。

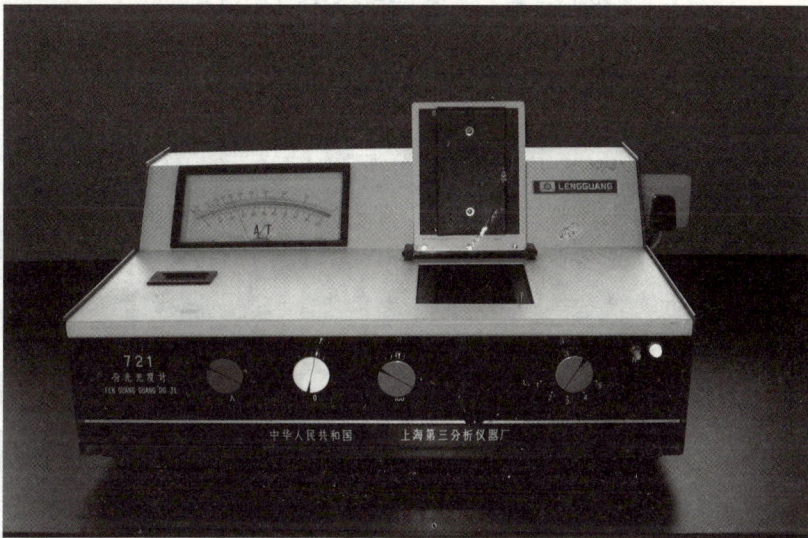

图 9 - 8　721 型分光光度计的外形图

722 型分光光度计的外形与 721 型分光光度计的外形近似，二者的光学线路相同，如图 9 - 9 所示。

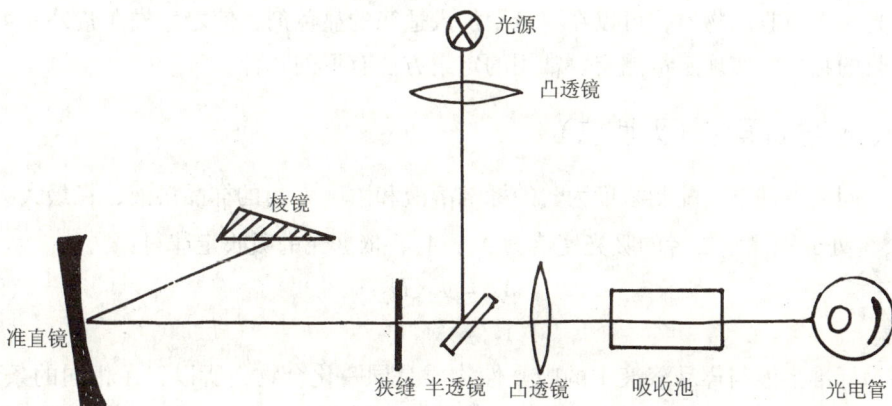

图 9 - 9　721 型分光光度计的光学线路示意图

2. 仪器的部件

721 型和 722 型的光源分别为 12V、25W 的钨灯，电磁辐射的波长范围为 360 ~ 800nm；721 型的色散元件为玻璃棱镜，722 型的色散元件为光栅；721 型和 722 型的吸收池均由光学玻璃制成，每台仪器配有一套厚度分别为 0.5、1.0、2.0、3.0、5.0cm 等规格的吸收池供选用；721 型和 722 型的检测器均为真空光电管；721 型的显示器为指针式，722 型的显示器为数字显示，置于吸收池盖的后上方。

可见分光光度计的构造简单，单色性较差，用于可见光区的一般定量分析。

第三节　定量分析方法

知识链接

定性分析

紫外－可见吸收光谱曲线可用于定性分析。在相同条件下，分别测定未知物和标准品的吸收光谱曲线，对照和比较二者是否一致。如果这两个吸收光谱曲线的形状和光谱特征，诸如吸收光谱曲线的形状、拐点、最大吸收波长 λ_{max}、吸收峰的数目、吸收峰的位置和强度（吸光系数）等完全一致，则可以初步认为二者是同一化合物。但是，只有得到其他光谱方法进一步证实后，才能得出较为肯定的结论。因为紫外－可见吸收光谱是被测物质的官能团对紫外－可见光波的吸收而产生的，不能反映整个分子或离子的特征。主要官能团相同的物质，可能会产生非常相似甚至雷同的紫外－可见吸收光谱曲线。所以，紫外－可见分光光度法主要用于定量分析。

根据光的吸收定律，可以选择适当波长的光作为入射光，通过测定溶液的吸光度进行定量分析。对于在紫外－可见光区有吸收的物质，可直接进行定量测定；对于在紫外－可见光区无吸收的物质，可以在溶液中加入适当的显色剂，使之生成在紫外－可见光区有吸收的物质，实现定量测定。常用的定量方法有下列几种。

一、标准对照法（对比法）

在相同的条件下，配制浓度为 c_s 的标准溶液和浓度为 c_X 的样品溶液，在最大吸收波长（λ_{max}）处分别测定二者的吸光度值为 A_S、A_X，依据光的吸收定律得：

$$A_S = Kc_S L \tag{9-8}$$

$$A_X = Kc_X L \tag{9-9}$$

因为标准溶液与样品溶液中的吸光性物质是同一化合物，所以，在相同的条件下，液层厚度 L 和吸光系数 K 的数值相等，由式 9-8 和式 9-9 得：

$$\frac{A_S}{A_X} = \frac{c_S}{c_X} \tag{9-10}$$

$$\therefore \quad c_X = \frac{A_X c_S}{A_S} \tag{9-11}$$

例题 4　将已知浓度为 2.00mg/L 的蛋白质溶液用碱性硫酸铜溶液显色后，在 540nm 波长下测得其吸光度为 0.300。另取样品溶液同样处理后，在同样条件下测得其百分透光率为 20.0%，求样品中蛋白质浓度。

已知：$c_S = 2.00\text{mg/L}$，$A_S = 0.300$，$A_X = -\lg T = -\lg 20.0\% = 0.699$

求：$c_X = ?$

解：根据计算公式 9-11 得：

$$c_X = \frac{A_X c_S}{A_S} = \frac{0.699 \times 2.00}{0.300} = 4.66 \ (\text{mg/L})$$

答：样品溶液中蛋白质的浓度为 4.66mg/L。

课堂互动

利用分光光度法测定血清中镁的含量：

取浓度为 10.0mmol/L 的镁标准溶液 10.0 µl 置于容量瓶中，加 3.00ml 显色剂进行显色后，稀释至标线，摇匀，测得吸光度为 0.32；另取被测血清 50.0 µl 置于另一相同规格的容量瓶中，加 3.00ml 显色剂进行显色后，稀释至标线，摇匀，测得吸光度为 0.47，试计算血清中镁的含量。

二、吸光系数法

吸光系数法又称绝对法，是直接利用光的吸收定律进行计算的定量分析方法。在手册中查出被测物质在最大吸收波长（λ_{max}）处的吸光系数 ε 或 $E_{1cm}^{1\%}$，并在相同条件下测量样品溶液的吸光度 A，根据光的吸收定律计算被测溶液的浓度，即：

$$c = \frac{A}{\varepsilon L} \quad \text{或} \ \rho = \frac{A}{\alpha L} \quad \text{或} \quad \rho = \frac{A}{E_{1cm}^{1\%} L}$$

例 5　维生素 B_{12} 注射液，在 $\lambda_{max} = 361\text{nm}$ 处的 α 为 $= 20.7\text{L/g·cm}$。若用 1cm 厚度的吸收池，测得溶液的吸光度为 0.621，求该溶液的浓度。

已知：$\alpha = 20.7 \text{ L/g·cm}$，$L = 1.00\text{cm}$，$A = 0.621$。

求：$\rho = ?$

解：根据光的吸收定律得：

$$\rho = \frac{A}{\alpha L} = \frac{0.621}{20.7 \times 1.00} = 0.0300 \ (\text{g/L})$$

答：该维生素 B_{12} 注射液的浓度为 0.0300g/L。

三、标准曲线法

标准曲线法是紫外－可见分光光度法中最经典的定量分析方法，特别适合于大批量样品的定量测定。具体测定的方法步骤如下：

1. 配制一系列不同浓度的标准溶液，选择合适的参比（空白）溶液，以被测组分的最大吸收波长 λ_{max} 作为入射光，在相同的条件下，分别测定各标准溶液对应的吸光度。

2. 以溶液浓度（c）为横坐标、对应的吸光度（A）为纵坐标，绘制标准曲线。根据光的吸收定律可知，如果标准系列的浓度适当，测定条件合适，标准曲线是一条通过原点的直线，如图 9 – 10 所示。

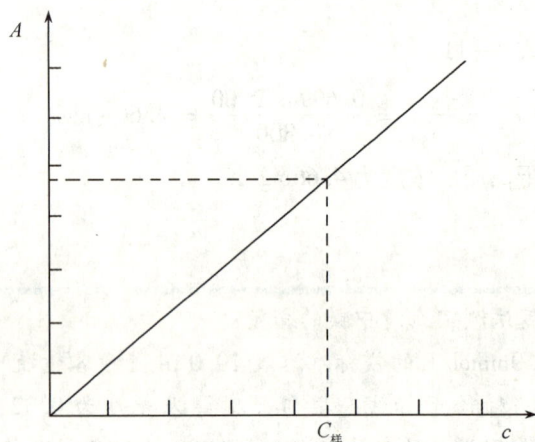

图 9 – 10　标准曲线（工作曲线）

3. 按照相同的实验条件和操作程序，配制样品溶液并测定其吸光度 $A_样$，在标准曲线上找到与之对应的样品溶液的浓度 $c_样$，如图 9 – 10 所示。

由此可见，测定大批量样品时，只重复最后一步操作，即可完成工作任务。

如果样品溶液（浓度 $c_{原样}$）是经过稀释之后（浓度为 $c_样$）进行测定的，则二者的关系是：

$$c_{原样} = c_样 \times 稀释倍数 \tag{9 – 12}$$

第四节　误差的来源和测量条件的选择

一、误差的来源

1. 仪器和测量误差

由于仪器的精密度不高，如读数盘标尺刻度不够准确、吸收池的厚度不完全相同及池壁厚薄不均匀等；光源不稳定、光电管的灵敏性差、光电流测量不准、通过单色光器的光波带不够狭窄及杂散光等因素，都会引入误差。

2. 操作者的主观误差

处理样品溶液和标准溶液时没有按照完全相同的条件和步骤进行，如溶液的稀释、显色剂的用量、反应的酸度和温度、放置的时间前后不很一致，或读取吸光度或透光率读数不够准确等，都属于主观误差。

有时，由于使用仪器不够熟练或操作不当，可能会出现失误，如按错键盘、记错读数、溅失溶液等，不属于误差范畴，所得数据应舍弃。

二、测量条件的选择

（一）仪器测量条件的选择

1. 选择入射光的波长

因为溶液对光的吸收是有选择性的，所以，测定时要根据吸收光谱曲线选择吸光性物质的最大吸收波长（λ_{max}）作为分析波长，这样不仅可保证测定的灵敏度高，而且此处曲线较为平坦，吸光系数变化不大，对光的吸收定律的偏离程度最小。

2. 选择适当的吸光度读数范围

读数范围应控制在吸光度为 0.2～0.8、百分透光率为 20%～65% 之间。为此，可以通过控制试样的称取量来实现。对于被测组分含量高的试样，应减少取样量或稀释试样溶液；对于被测组分含量低的试样，应增加取样量或用富集的方法提高被测组分的浓度。如果试液已经显色，则可以通过改变吸收池厚度的方法来改变吸光度值的大小。

课堂互动

为减小吸光度误差，吸光度的读数范围应控制在 0.2～0.8 范围内。若吸光度读数不在此范围，可采用哪些方法进行调整？

（二）显色反应条件的选择

测定紫外－可见光区非吸收性物质的溶液时，需要加入适当的试剂，将被测组分转变成为有较强吸收的物质。这种能与被测组分定量发生化学反应生成有较强吸收的物质的试剂，称为显色剂。显色剂与被测组分发生的化学反应称为显色反应。

1. 对显色剂及显色反应的要求

（1）显色剂与生成物的最大吸收波长应相差 60nm 以上，显色剂在测定波长处应无明显吸收。

（2）所选择的显色剂应尽可能只与被测组分发生反应。

（3）显色反应必须定量完成，生成足够稳定的吸光性物质。

（4）显色反应所生成的吸光物质的摩尔吸光系数ε值应大于 10^4 L/mol·cm。

2. 控制适当的显色反应条件

要使显色反应达到上述要求，就必须控制显色反应条件，以保证被测组分有效地转变为适宜于测定的化合物。

（1）**显色剂的用量**　通常应加入过量的显色剂。一般通过实验从 $A-c$ 曲线的变化来确定合适的用量。

（2）**溶液的酸度**　显色剂多为有机弱酸，改变酸度能直接影响显色剂的平衡浓度，从而影响显色反应进行的程度。一般通过实验从 $A - pH$ 曲线的变化来确定合适的酸度。

（3）**显色时间和温度**　有些显色反应速度较慢，需要经过一段时间后，溶液对特定波长的光的吸收才能达到稳定；有些化合物放置一段时间后，因空气的氧化、光的照射、试剂的挥发或分解等，使溶液的吸光性发生改变；有些显色反应需要在一定温度下才能顺利进行。所以，应分别通过实验从 $A - t$（时间）曲线和 $A - T$（温度）曲线的变化来确定显色反应最适宜的时间和温度。

（4）**共存离子的干扰及消除**　为消除共存离子的干扰，常常通过控制显色反应的酸度，或加入掩蔽剂，或预先通过离子交换等方法予以掩蔽或分离。

（三）选择合适的参比溶液

在测定溶液的吸光度时，为了消除溶液中其他组分的干扰，首先要用参比溶液（空白溶液）调节百分透光率为 100% ，然后测定被测溶液的吸光度。通常根据被测溶液的组成和性质，确定合适的参比溶液。

1. 溶剂参比溶液

当溶液中只有被测组分吸收光，溶液中的其他组分、溶剂、试剂和显色剂等几乎不吸收测定波长的光波时，可采用溶剂作参比溶液。

2. 试样参比溶液

在相同的条件下，用不加显色剂的试样溶液作参比溶液，适用于试样中存在较多的共存成分和显色剂用量不大且在测定波长处无吸收的情况。

3. 试剂参比溶液

如果显色剂和其他试剂在测定波长处有吸收，可按显色反应相同的条件，不加试样，但加入相同体积的试剂和溶剂混合均匀后，作为参比溶液，能消除试剂中有某组分产生吸收而引起的误差。

4. 平行操作参比溶液

用不含被测组分的试样，在完全相同的条件下对被测试样进行处理，由此得到平行操作参比溶液。

此外，注意，样品溶液的浓度必须控制在标准曲线的线性范围内；选择不影响被测物质吸光性质的溶剂；避免采用尖锐的吸收峰进行定量分析等。

> **知识链接**
>
> **紫外－可见分光光度法在临床检验中的应用**
>
> 自动生化分析仪是临床生物化学检验实验室常用的重要仪器之一。该仪器对血糖、血清蛋白质、血清总胆固醇的含量测定和血清谷－丙转氨酶活性的测定等，都是通过测定样品溶液的吸光度而完成的。
>
> 酶标仪（酶联免疫检测仪）是酶联免疫吸附试验的专用仪器，其主要结构、工作原理与紫外－可见分光光度计基本相同，广泛用于临床免疫学检验和食品安全药物残留的快速检测。

同步训练

一、填空题

1. 可见光的波长范围为（　　），紫外光的波长范围为（　　）。

2. 当一束平行单色光通过均匀、无散射的含有吸光性物质的溶液时，在入射光的波长、强度及溶液的温度等条件不变的情况下，该溶液的吸光度与溶液的（　　）和（　　）的乘积成正比。这个定律称为（　　）。

3. 在光的吸收定律的数学表达式 $A = KcL$ 中，K 称为吸光系数，当浓度的单位分别是 mol/L 和 g/L 时，对应的吸光系数称为（　　）和（　　）。

4. 吸收光谱是以（　　）为横坐标，以（　　）为纵坐标而绘制的曲线。吸收曲线上吸收峰最高处所对应的波长为（　　），用（　　）表示。

5. 在一定条件下，以溶液浓度为横坐标，其对应的吸光度为纵坐标所绘制的曲线称为（　　）。测定条件合适时，该曲线是一条（　　）。

6. 摩尔吸光系数 ε 是指在波长一定时，溶液浓度为 1mol/L，液层厚度为 1cm 时的（　　）。ε 值愈大，表示该吸光物质（　　）。

7. 在用紫外－可见分光光度法进行定量分析时，常选用（　　）作入射光，此时测定的（　　）最高，且吸光系数变化不大。

8. 紫外－可见分光光度计在可见光区使用的光源是（　　），用的比色皿的材质是（　　）；在紫外光区使用的光源是（　　），用的比色皿的材质是（　　）。

9. 紫外－可见分光光度计的主要部件有（　　）、（　　）、（　　）、（　　）、（　　）。

10. 光的吸收定律只有在入射光为（　　）和浓度较（　　）时才适用。

11. 当空白溶液置入光路时，应使 $T\% = $（　　），此时 $A = $（　　）。

12. 在用紫外－可见分光光度法对单组分溶液进行定量分析时，常用的方法有（　　）、（　　）、（　　）。

二、单选题

1. 关于补色光的正确叙述是（　　）
   A. 具有单一波长的光 　　　　B. 由不同波长混合而成的光
   C. 有色溶液所吸收的光 　　　D. 能够透过有色溶液的光
   E. 两种适当颜色的单色光按一定强度混合后得到白光，则二者互称补色光

2. 溶液呈现不同颜色是由于（　　）
   A. 物质对光的选择性吸收 　　B. 物质本身发光
   C. 物质对照射光的反射 　　　D. 物质对光的衍射
   E. 以上都不是

3. 下列说法正确的是（　　）

A. 吸收曲线与物质的性质无关　B. 吸收曲线的基本形状与溶液浓度无关

C. 浓度越大，吸光系数越大　　D. 吸收曲线是一条通过原点的直线

E. 从标准曲线上可以找到最大吸收波长

4. 有色溶液浓度为 c，在一定条件下，用 1cm 比色杯测得吸光度为 A，则摩尔吸光系数为（　　）

A. cA　　　　　　　　B. cM　　　　　　　　C. $\dfrac{A}{c}$

D. $\dfrac{c}{A}$　　　　　　　　E. 无法表达

5. 摩尔吸光系数 ε 与吸光系数 α 的换算关系可用下式表示（　　）

A. $\alpha\varepsilon = 1$　　　　　　B. $\varepsilon = \alpha M$　　　　　　C. $\varepsilon = \alpha A$

D. $\alpha = \varepsilon M$　　　　　　E. $A = \alpha\varepsilon$

6. 下列叙述错误的是（　　）

A. 溶液的浓度越大吸光度也越大

B. 物质对光的吸收具有选择性

C. 溶液呈现的颜色是其所吸收光的颜色

D. 溶液呈现的颜色是其所吸收光的补色光

E. 光的吸收定律一般适用于稀溶液

7. 光的吸收定律的数学表达式为（　　）

A. $A = KcL$　　　　　　B. $A = \varepsilon cL$　　　　　　C. $A = \alpha\rho L$

D. 以上都正确　　　　　　E. 以上都错误

8. 某吸光物质的吸光系数很大，则表明（　　）

A. 该物质的浓度很大　　　　B. 测定该物质的灵敏度高

C. 入射光的波长很大　　　　D. 测定所用的比色皿很厚

E. 该物质的分子量很大

9. 相同条件下，测定甲、乙两份同一有色物质溶液的吸光度，若甲溶液用 1cm 吸收池、乙溶液用 2cm 吸收池进行测定，结果二者的吸光度相同，甲、乙两溶液浓度的关系（　　）

A. $c_甲 = c_乙$　　　　　　B. $c_乙 = 4c_甲$　　　　　　C. $c_甲 = 2c_乙$

D. $c_乙 = 2c_甲$　　　　　　E. $c_甲 = 4c_乙$

10. 在符合光的吸收定律的条件下，有溶液的浓度、最大吸收波长、吸光度三者的关系是（　　）

A. 增加、增加、增加　　　　B. 增加、减小、不变

C. 减小、增加、减小　　　　D. 减小、减小、减小

E. 减小、不变、减小

11. 紫外 - 可见光区的波长范围是（　　）

A. 0.1 ~ 10nm　　　　　　B. 10 ~ 200nm　　　　　　C. 200 ~ 400nm

D. 400 ~ 760nm   E. 200 ~ 760nm

12. 在一定条件下，以吸光度为纵坐标，浓度为横坐标所描绘的曲线称为（   ）

     A. 吸收光谱曲线   B. 滴定曲线   C. 吸收曲线

     D. E – V 曲线   E. 标准曲线或工作曲线

13. 紫外－可见分光光度计的光电转换元件是（   ）

     A. 棱镜   B. 光电管   C. 钨灯

     D. 比色杯   E. 显示器

14. 722 型分光光度计的比色杯的材质为（   ）

     A. 石英   B. 溴化钾   C. 硬质塑料

     D. 光学玻璃   E. 彩色玻璃

15. 紫外－可见分光光度法常用的参比溶液有（   ）

     A. 溶剂参比溶液   B. 试剂参比溶液

     C. 试样参比溶液   D. 平行操作参比溶液

     E. 以上都正确

16. 用分光光度法测定样品时，若测得吸光度读数大于 0.8，采取的措施是（   ）

     A. 将样品溶液稀释   B. 选用厚度更大的比色杯

     C. 另选分光光度计   D. 用最大吸收波长作入射光

     E. 以上都正确

17. 为减少测定误差，被测溶液的透光率应控制在（   ）

     A. 2% ~ 5%   B. 5% ~ 10%   C. 20% ~ 65%

     D. 80% ~ 90%   E. 90% ~ 99%

三、计算题

1. 用二硫腙测定 Cd^{2+} 溶液的吸光度 A 时，Cd^{2+} 的浓度为 $140\mu g/L$，在 $\lambda_{max} = 525nm$ 波长处，用 $L = 1cm$ 的吸收池，测得吸光度 $A = 0.220$，试计算其摩尔吸光系数。

2. 将含有 0.100mg Fe^{3+} 离子的酸性溶液用 KSCN 显色后稀释至 500ml，在波长为 480nm 处用 1cm 比色皿测得吸光度为 0.240，计算摩尔吸收系数及吸光系数。

3. 精确称取维生素 C 片的粉碎混合物 0.1000g，用适当酸度的硫酸溶液溶解并定容为 100ml，准确吸取该溶液 1ml 并用同一硫酸溶液稀释成 100ml，然后用 1cm 吸收池于 $\lambda_{max} = 245nm$ 处测得 $A = 0.551$。已知 245nm 波长处维生素 C 的 $\alpha = 56.0$，求维生素片中维生素 C 的百分含量。

4. 维生素 D_2 的摩尔吸收系数 $\varepsilon_{264\,nm} = 18200L/mol \cdot cm$，如果用 2.0cm 比色皿测定，要控制吸光度 A 在 0.699 ~ 0.187 范围内，应使维生素 D_2 溶液的浓度在什么范围内？

第十章　色　谱　法

知识要点

　　色谱法原理和分类；吸附柱色谱法、纸色谱法和薄层色谱法的操作方法与原理；气相色谱法的基本原理；气相色谱仪的基本组成；高效液相色谱法的分离原理及高效液相色谱仪的基本组成。

　　色谱法又称色谱分析法或层析法，是一种利用物质的物理或物理化学性质不同进行分离分析的方法。色谱法具有取样量少、分离效能高、灵敏度高、分离效果好等特点，在分析化学、有机化学、生物化学以及医药卫生等领域有着非常广泛的应用。

第一节　原理和分类

　　1906 年俄国植物学家米哈伊尔·茨维特发现并命名了色谱法。他将植物叶子的色素通过装填有吸附剂的柱子，各种色素以不同的速率流动后形成不同的色带而被分开，由此得名为"色谱法"。后来无色物质也可利用此法分离。

　　1944 年出现纸色谱法以后，色谱法不断发展，相继出现薄层色谱法、亲和色谱法、凝胶色谱法、气相色谱法、高效液相色谱法等，并发展成为一个独立的三级学科——色谱学。

一、色谱法的原理

　　色谱法利用混合物中各组分物理化学性质的差异（如吸附力、分子形状及大小、分子亲和力、分配系数等），使各组分在两相（一相为固定的，称为固定相；另一相流过固定相，称为流动相）中的分布程度不同，从而使各组分以不同的速率移动而达到分离的目的。

知识链接

固定相和流动相

　　固定相是色谱分析法的一个基质。它可以是固体物质（如吸附剂、凝胶、离子交换剂等），也可以是液体物质（如固定在硅胶或纤维素上的溶液），这些基质能与被分离的化合物进行可逆的吸附、溶解、交换等作用。

　　流动相又称洗脱剂或展开剂，为在色谱分析过程中，推动固定相上被分离的物质朝着一个方向移动的液体或气体。

二、色谱法的分类

（一）按两相所处的状态分类

1. 气相色谱法

气相色谱法中流动相是气体 。当固定相是液体时，称为气－液色谱法；当固定相是固体时，则称为气－固色谱法。

2. 液相色谱法

液相色谱法中流动相是液体。当固定相是液体时，称为液－液色谱法；当固定相是固体时，则称为液－固色谱法。

（二）按操作形式分类

1. 柱色谱法

柱色谱法是将固定相装在金属或玻璃柱中或是将固定相附着在毛细管内壁上制成色谱柱，试样从柱头到柱尾沿一个方向移动而进行分离的色谱法。

2. 纸色谱法

纸色谱法是利用滤纸作固定液的（固定相）载体，把试样点在滤纸上，然后用展开剂展开，各组分在滤纸上不同位置以斑点形式显现，根据滤纸上斑点位置及大小进行定性和定量分析。

3. 薄层色谱法

薄层色谱法是将适当粒度的固定相涂布在平板上形成薄层，然后用与纸色谱法类似的方法操作以达到分离目的。

（三）按分离原理分类

按色谱法分离时依据的物理或物理化学性质的不同，又可将其分为：

1. 吸附色谱法

利用吸附剂表面对不同组分物理吸附性能的差别而使之分离的色谱法称为吸附色谱法。

2. 分配色谱法

利用组分在固定液（固定相）中溶解度不同而达到分离的方法称为分配色谱法。

3. 离子交换色谱法

利用组分在离子交换剂（固定相）上的亲和力大小不同而达到分离的方法，称为离子交换色谱法。

4. 凝胶色谱法（空间排阻色谱法）

利用大小不同的分子在多孔固定相中的选择渗透而达到分离的方法，称为凝胶色谱法或空间排阻色谱法。

5. 亲和色谱法

利用不同组分与固定相（固定化分子）的高专属性亲和力进行分离的方法称为亲和色谱法，常用于蛋白质的分离。

课堂互动

分离血红蛋白（Hb）与鱼精蛋白利用何种色谱法？

第二节 柱色谱法

柱色谱法又称柱层析法，是将固定相装于柱内，使样品随液体流动相沿竖直方向由上而下移动而达到分离的方法。包括吸附柱色谱法、分配柱色谱法、离子交换柱色谱法、空间排阻柱色谱法。柱色谱在中药成分的分析鉴别中有很大的作用，在实际的工业生产中也经常用到。

一、吸附柱色谱法

（一）原理

任何液相或固相都可以形成表面，相中的物质或溶解在其中的溶质在此表面密集现象称为吸附，当流动相（洗脱剂）分子从吸附中心置换出被吸附的组分分子时，称为解吸。

利用吸附剂对不同物质具有不同吸附力使混合物得到分离的方法称为吸附柱色谱法。因吸附剂对不同物质具有不同的吸附能力，在吸附与解吸的平衡中形成不同的吸附系数 K，在低浓度和一定温度下：

$$K = \frac{c_s}{c_m} \tag{10-1}$$

式中的 c_s 表示组分在固定相中的浓度，c_m 表示组分在流动相的浓度，K 值的大小可以说明组分被吸附剂固定相吸附的强弱。通常极性强的组分 K 值大，被吸附得牢固，移动速度慢，则后流出色谱柱，反之，K 值小的组分先流出色谱柱。若 K 值为 0，则该组分不被吸附，将随流动相流出。由此可见，各组分的 K 值相差越大，越容易被分离。

知识链接

吸附剂

凡能将其他物质聚集到自己表面的物质称吸附剂，常用的有氧化铝、硅胶、聚酰胺、大孔吸附树脂等。吸附剂的颗粒应尽可能保持大小均匀，以保证良好的分离效果，除另有规定外通常多采用直径为 0.07～0.15mm 的颗粒。吸附剂的活性或吸附力对分离效果有影响，应予注意。

（二）操作方法

1. 装柱

（1）干法装柱　将吸附剂一次加入色谱管，振动管壁使其均匀下沉，然后沿管壁缓缓加入分离时使用的流动相，或将色谱管下端出口加活塞，加入适量的流动相，旋开活塞使流动相缓缓滴出，然后自管顶缓缓加入吸附剂，使其均匀地润湿下沉，在管内形成松紧适度的吸附层。操作过程中应保持有充分的流动相留在吸附层的上面。

（2）湿法装柱　将吸附剂与流动相混合，搅拌以除去空气泡，徐徐倾入色谱管中，然后再从顶端加入一定量的流动相，将附着于管壁的吸附剂洗下，使色谱柱表面平整。

2. 加样

将样品溶液小心地滴加在柱顶部，加样完毕，打开柱子下端活塞，使溶液缓缓流下至液面与吸附剂顶面平齐，再用少量洗脱剂冲洗盛样品溶液的容器2～3次，慢慢滴入色谱柱内。

3. 洗脱

可用一种溶剂或混合溶剂作洗脱剂。在洗脱过程中应不断加入洗脱剂，保持色谱柱顶表面有一定高度的液面，控制好洗脱剂的流速，因流速过快，柱中不易达到吸附平衡，影响分离效果。

4. 洗脱剂的收集与处理

分段定量收集洗脱液，并对洗脱液进行定性分析，将同一组分的洗脱液合并，再对单一组分进行定量分析。

（三）应用与实例

吸附柱色谱主要用于分离，有时也起到浓缩富集作用。在环境分析测试中，本法广泛用于样品的前处理，如在水和气溶胶的有机污染分析中，将萃取液转移到色谱柱内，而后用环己烷洗脱烷烃部分，用苯洗脱多环芳烃类污染物，用乙醇洗脱极性组分；在土壤分析中，用氧化铝柱捕集分离稀土元素钍、铊等。

俄国植物学家米哈伊尔·茨维特的经典实验就是用吸附柱色谱法分离绿色植物叶子的色素。首先在玻璃管的狭小一端塞上一小团棉花，在管中填充碳酸钙的微小颗粒，制成一个简易的玻璃吸附柱，然后在柱子上端加入用石油醚溶解的绿色植物叶子，用石油醚洗脱，结果植物叶子中几种色素便在玻璃吸附柱中展开，留在最上面的是两种叶绿素，绿色层下面吸附柱中部的是叶黄质，最下面的是黄色的胡萝卜素。

二、分配柱色谱法

极性大的物质（如脂肪酸）被吸附剂强烈吸附，很难洗脱，不适合使用吸附柱色谱法，可用分配色谱法进行分离。

（一）原理

利用混合物在两种不相混溶的液相（固定相和流动相）间分配系数的不同而达到

分离各组分的目的。固定相液体均匀覆盖于载体表面，流动相流过固定相。

一种溶质分布在两个互不相溶的溶剂中时，它在固定相和流动相两相内的浓度之比是个常数，称为分配系数。

$$K = \frac{c_s}{c_m} \qquad\qquad (10-2)$$

分配系数小的溶质在流动相中分配的数量多，在柱中移动速度快，先流出色谱柱；分配系数大的溶质在固定相分配的数量多，在柱中移动速度慢，后流出色谱柱。因此可彼此分开。

（二）操作方法

1. 装柱

分配柱色谱与吸附柱色谱不同的是，装柱前先将固定相液体与载体充分混合后再装柱。为防止流动相流经色谱柱时将固定相破坏，在使用前先将两种溶剂在分液漏斗中充分混合，使两种溶剂互相饱和，等静止分层时，再分别取出使用。

2. 加样及洗脱

分配柱色谱的加样方法有以下三种：

（1）先将待分离的样品配成溶液，用吸管轻轻沿着管壁加到含有固定相载体的上端，然后加洗脱剂洗脱。

（2）样品溶液先用少量含有固定相的载体吸收，待溶剂挥发后，加到色谱柱上端，再用洗脱剂进行洗脱。

（3）用一块比色谱柱直径略小的滤纸吸附样品溶液，待溶剂挥发后，放在色谱柱载体表面上，然后再用洗脱剂洗脱。

洗脱剂的收集与处理方法同吸附柱色谱。

（三）应用与实例

分配色谱法是一种快速而又经济的分离分析方法，可用于分离氨基酸和抗菌药物等各种混合物中的各种组分，还用于分离类胡萝卜素。由于分配色谱法操作简便，试样用量少，还可用于分离性质相似的物质以及蛋白质结构的研究，是生物化学和分子生物学的基本研究方法，在分析化学、有机化学、生物化学等领域有着非常广泛的应用，使化学、医学和生物学研究得到了广泛的发展。例如，蛋白质中氨基酸的分离可用分配柱色谱法，方法是将水吸附在硅胶固定相上，用氯仿冲洗，则能成功地分离出氨基酸。

三、离子交换柱色谱法

（一）原理

用离子交换树脂作固定相，利用离子交换树脂对需要分离的各种离子的亲和力不同而达到分离的目的。

知识链接

离子交换树脂

　　离子交换树脂是一种不溶于水的高分子聚合物，分子中含有可解离的基团。含有酸性可解离基团（如—COOH、—OH 等）的称为阳离子交换树脂，可解离出 H^+，含有碱性可解离基团（如—NH_2、—NHR 等）的称为阴离子交换树脂，可解离出 OH^-。

（二）操作方法

1. 树脂的预处理

树脂预处理的目的是为了除去树脂中混有的无机或有机杂质，并将树脂转型。

（1）阳离子交换树脂预处理　将树脂置于洁净的容器中，用清水漂洗，直到排水清晰为止。用水浸泡树脂 12 ~ 24 小时，使树脂充分膨胀。如为干树脂，应先用饱和氯化钠溶液浸泡，再逐步稀释氯化钠溶液，以免树脂突然急剧膨胀而破碎。用树脂体积 2 倍量的 2% ~ 5% HCl 溶液浸泡树脂 2 ~ 4 小时，并不时搅拌。然后用去离子水洗涤树脂，直至溶液 pH 值接近于 4，用 2% ~ 5% NaOH 溶液处理，处理后用水洗至微碱性，再用 3% ~ 4% HCl 溶液（树脂 2 倍体积）浸泡 2 ~ 8 小时（用再生系统压酸），之后用水冲洗至中性。

（2）阴离子交换树脂预处理　与阳离子交换树脂相似，只是树脂用 NaOH 处理时，使用 3% ~ 4% NaOH 溶液（树脂 2 倍体积）浸泡 2 ~ 8 小时，且用量增加一些，然后再用水冲洗至中性，并拆除压碱临时管，使树脂变为 OH 型后，不要再用 HCl 处理。如果树脂量少及要求较高时，在水洗后，增加一步醇洗，效果会更好一些。

2. 装柱

将离子交换柱洗去油污杂质，用去离子水冲洗干净，在柱中先装入一半水，然后将树脂和水一起倒入柱中，图 10 - 1 所示是不同类型的离子交换柱。装柱时应注意柱中的水不能漏干，否则，树脂间形成气泡，影响交换效率。

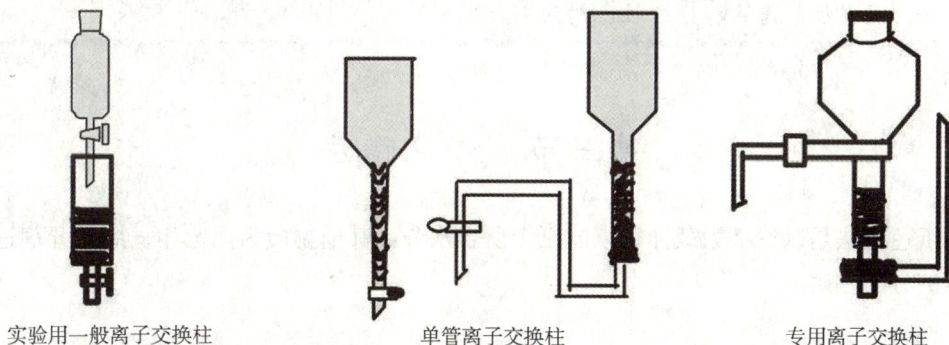

实验用一般离子交换柱　　　　单管离子交换柱　　　　专用离子交换柱

图 10 - 1 不同类型的离子交换柱

3. 交换与洗脱

装柱完成后，先用去离子水按出水顺序流过交换柱，初出水中含有装柱过程混入的杂质，应弃去，待出水达到要求后，即可通入原水。交换与洗脱时，应注意加在离子交换柱中的含待分离离子的总量不能超过树脂总量的10%，以防止交换不完全，最后用洗脱剂将分离的离子洗脱下来。

（三）应用与实例

离子交换柱色谱法是色谱法与离子交换法结合的产物，能提高分离效率，广泛用于性质相似物质的分离或多种组分的分离，又由于离子交换色谱操作简单，交换树脂再生后可重复使用，目前离子交换色谱法大量用于水的净化，同时在氨基酸、蛋白质、核糖核酸、有机胺、有机酸、糖类及药物等方面的应用越来越广。例如，用离子交换柱色谱法分离氨基酸，方法是：用强酸性聚苯乙烯型树脂作色谱柱填料，色谱柱温度为50℃，选择150cm×0.9cm的长交换柱，用0.2mol/L的柠檬酸钠（pH值为3.24~4.25）进行洗脱，则先分离酸性氨基酸如谷氨酸等，后分离中性氨基酸如苯丙氨酸等；再换15cm×0.9cm的短交换柱，用0.4mol/L的柠檬酸钠（pH值为5.26）进行洗脱，则能分离出碱性氨基酸如精氨基酸等。

四、空间排阻柱色谱法

当生物大分子通过装有凝胶颗粒的色谱柱，利用它们分子大小不同而进行分离的方法称为空间排阻柱色谱法。

空间排阻色谱法以凝胶为固定相。它类似于分子筛的作用，但凝胶的孔径比分子筛要大得多，一般为数纳米到数百纳米。溶质在两相之间不是靠其相互作用力的不同来进行分离，而是按分子大小进行分离。试样进入色谱柱后，一些太大的分子不能进入凝胶孔而受到排阻，因此就直接通过柱子，首先流出色谱柱，一些很小的分子可以进入所有凝胶孔并渗透到颗粒中，这些组分在柱中移动速度慢，后流出色谱柱。

■ 课堂互动

吸附柱色谱法和分配柱色谱法有何区别？

第三节　纸色谱法

纸色谱法是以滤纸为载体，以滤纸上所含水分或其他物质为固定相，用展开剂进行展开的分配色谱。

一、操作方法

（一）点样

将样品溶解于适宜的溶剂中制成一定浓度的溶液。用定量毛细管或微量注射器吸取溶液，点于点样基线上，溶液宜分次点样，每次点样后，需样品自然干燥、低温烘干或经温热气流吹干再点下一次样品，点样直径不超过 2 ~ 4mm，点间距离为 1.5 ~ 2.0cm，样点通常为圆形。

（二）展开

1. 下行法

将点样后色谱滤纸的点样端放在溶剂槽内并用玻璃棒压住，使色谱滤纸通过槽侧玻璃支持棒自然下垂，点样基线在支持棒下数厘米处。

用展开剂的蒸气使色谱滤纸饱和，一般可在展开缸底部放一个装有展开剂的平皿或将浸有展开剂的滤纸条附着在展开缸内壁上，放置一定时间，展开剂挥发使缸内充满饱和蒸气。然后在溶剂槽内添加展开剂，使槽内色谱滤纸被展开剂浸没，展开剂即经毛细管作用沿色谱滤纸移动进行展开，展开至规定的距离后，取出色谱滤纸，标明展开剂前沿位置，展开剂挥散后按规定方法检出色谱斑点。

2. 上行法

色谱缸内加入展开剂适量，如图 10 - 2 所示，用悬钩钩住色谱滤纸放置，等展开剂蒸气饱和后，再下降悬钩，使色谱滤纸浸入展开剂约 0.5cm，展开剂即经毛细管作用沿色谱滤纸上升，除另有规定外，一般展开至约 15cm 后，取出晾干，按规定方法检视。

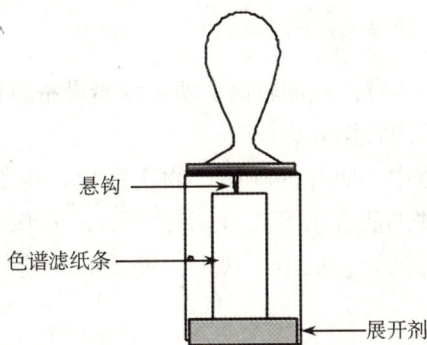

悬钩

色谱滤纸条

展开剂

图 10 - 2　纸色谱法展开示意图

注意：展开可以单向展开，即向一个方向进行；也可双向展开，即先向一个方向展开，取出，等展开剂完全挥发后，将色谱滤纸转动 90°，再用原展开剂或另一种展开剂进行展开；亦可多次展开、连续展开或径向展开等。

（三）计算 R_f 值

样品展开后，可用比移值（R_f）表示其各组分的位置，如图 10 – 3，其计算公式是：

$$R_f = \frac{\text{原点到斑点中心的距离}}{\text{原点到展开剂前沿的距离}}$$

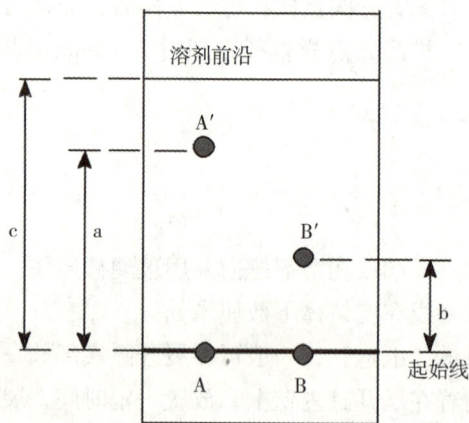

图 10 – 3　R_f 值的计算示意图

图 10 – 3 中，A 组分的比移值：$R_{fA} = \dfrac{a}{c}$

图 10 – 3 中，B 组分的比移值：$R_{fB} = \dfrac{b}{c}$

由于影响比移值的因素较多，因而一般在相同实验条件下与对照品对比以确定其异同。

二、应用与实例

纸色谱法具有操作简单、分离效能较高、所需仪器设备廉价、应用广泛等特点，是进行氨基酸和药物分离分析的常用方法。

药品检验标准操作规范中，肌苷的降解产物次黄嘌呤用纸色谱法对其进行限量检查，方法是：吸取 10mg/ml 的肌苷水溶液 10μl 点在 3cm × 20cm 色谱用滤纸上，置展开缸中，以水为展开剂，上行展开，取出，吹干，置 254nm 紫外灯下检视，除紫色主斑点外，应不出现其他斑点。

第四节　薄层色谱法

薄层色谱法或称薄层层析法，是以涂布于支持板上的支持物作为固定相，以适宜的溶剂为流动相，对混合样品进行分离、鉴定和定量的一种分离分析方法。这是一种快速分离诸如脂肪酸、类固醇、氨基酸、核苷酸、生物碱及其他多种物质的有效的色谱分离方法，从 20 世纪 50 年代发展起来，至今仍被广泛采用。

一、原理

薄层色谱法根据作为固定相的支持物不同，分为吸附薄层色谱法（吸附剂）、分配薄层色谱法（纤维素）、离子交换薄层色谱法（离子交换剂）、凝胶薄层色谱法（凝胶）等。应用较多的是以吸附剂为固定相的吸附薄层色谱法，它利用各组分对同一吸附剂吸附能力不同，使展开剂流过固定相（吸附剂）的过程中，连续地产生吸附、解吸附、再吸附、再解吸附，从而达到各组分相互分离的目的。

二、操作方法

1. 薄板的制备

薄板的制备是将固定相涂布在玻璃板（或金属板）上，使之成厚度均匀一致的薄层。一块好的薄板，要求固定相涂布均匀，厚度一致，表面光滑。薄板有软板和硬板两种。硬板应用最多，制备方法是：将固定相（如硅胶）和水（或黏合剂）在研钵中同一方向研磨混合，去除表面的气泡后，倒入涂布器中，在玻璃板上平稳地移动涂布器进行涂布（厚度为 $0.2 \sim 0.3\,mm$），取下涂好薄层的玻璃板，置水平台上于室温下晾干后，在 110℃烘 30 分钟，放置在有干燥剂的干燥器中备用。使用前检查其均匀度（可通过透射光和反射光检视）。

知识链接

硅 胶

常用的硅胶有硅胶 H（无任何添加剂）、硅胶 G（含黏合剂煅石膏）、硅胶 CMC（含黏合剂羧甲基纤维素）、硅胶 HF_{254}（含荧光指示剂）和硅胶 GF_{254}（含黏合剂煅石膏和荧光指示剂）。

---

2. 点样

点样方式有点状点样和带状点样。用点样器点样于薄层板上，一般为圆点，点样基线距底边 $2.0\,cm$，样点直径一般不超过 $2 \sim 3\,mm$，点间距离可视斑点扩散情况以不影响检出为宜，一般为 $1 \sim 1.5\,cm$ 即可。点样时必须注意勿损伤薄层表面。

3. 展开

薄层色谱法须在密闭容器中进行，根据实际情况选用不同的色谱缸。展开方法如图 10 - 4 所示，将容器密闭，待展开剂蒸气饱和后，放入薄板，通常展开到薄板的 3/4 左右，取出，在前沿做上标记，空气中晾干，硬板可烘干或电吹风吹干。

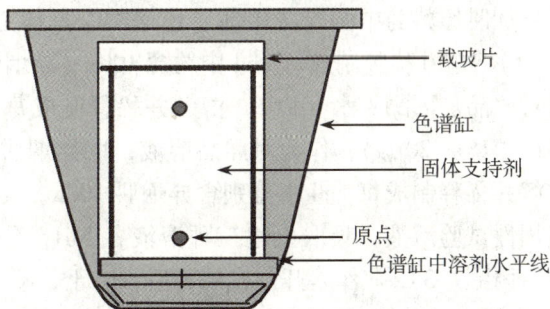

图 10 - 4 薄层色谱展开示意图

（图注）载玻片 色谱缸 固体支持剂 原点 色谱缸中溶剂水平线

知识链接

展开剂

展开剂也称溶剂系统或流动相或洗脱剂，是在平面色谱中作流动相的液体。展开剂的主要任务是溶解被分离的物质，在吸附剂薄层上转移被分离物质，使各组分的 R_f 值在 $0.2 \sim 0.8$ 之间并对被分离物质要有适当的选择性。作为展开剂的溶剂应满足以下要求：适当的纯度和稳定性、低黏度、线性分配等温线、很低或很高的蒸气压以及尽可能低的毒性。

4. 显色及计算

展开后，观察薄板上有无斑点，如果有斑点，直接计算 R_f 值。如果无斑点，先在紫外灯下观察薄板上是否有荧光斑点，如有划出斑点位置，且记录荧光颜色；若无荧光，应选择合适的显色剂显色，再计算 R_f 值。最后进行定性和定量分析。

课堂互动

纸色谱法和薄层色谱法有何区别？

三、应用与实例

薄层色谱法具有设备简单、操作方便、展开迅速、显色容易、能用腐蚀性显色剂等优点，因而广泛应用于临床检验、药物分析、食品卫生监测、环境保护等领域。

例如，临床快速诊断早期妊娠的方法是基于在孕妇的尿中能检出比未孕妇女的尿中含更多的孕二醇，把两者的尿提取后点在薄层板上比较，即可做出判断。这一方法可不用动物而在 $2 \sim 3$ 小时内检验出结果。

又如，食品中致癌物——黄曲霉素的检查，用硅胶 G 薄层板，以丙酮－氯仿（1:1）作展开剂，激发波长 365nm 和检测波长 450nm，可检测纳克量级的黄曲霉素 B_1、B_2、G_1、G_2，此法灵敏快速。

还有，药物分析中特殊杂质的检查也用此方法，《中国药典》（2010 年版）规定检查异烟肼原料药中游离肼用薄层色谱法，具体方法如下：取异烟肼样品，加丙酮－水（1:1）溶解并稀释制成每 1ml 中约含 100mg 异烟肼的溶液，作为供试品溶液；另取硫酸肼对照品加丙酮－水（1:1）溶解并稀释制成每 1ml 中约含 0.08mg 硫酸肼的溶液（相当于游离肼 20μg），作为对照品溶液；取异烟肼与硫酸肼各适量，加丙酮－水（1:1）溶解并稀释制成每 1ml 中分别含异烟肼 100mg 及硫酸肼 0.08mg 的混合溶液，作为系统适用性试验溶液。吸取上述三种溶液各 5μl，分别点于同一硅胶 G 薄层板上，以异丙醇－丙酮（3:2）作展开剂，展开后，晾干，喷以乙醇制对二甲氨基苯甲醛试液，15 分钟后检视，系统适用性试验溶液所显游离肼、异烟肼的斑点完全分离，游离肼的 R_f 值约为 0.75，异烟肼的 R_f 值约为 0.56。在供试品溶液主斑点前方与对照品溶液主斑点相应的位置上，不得显黄色斑点。

第五节 气相色谱法

以气体为流动相的柱色谱分离技术称气相色谱法。气相色谱的出现使色谱技术从最初的定性分离手段进一步演化为具有分离功能的定量测定手段，并且极大地推动了色谱技术和理论的飞速发展

一、气相色谱法的特点及分类

气相色谱法具有"三高"、"一少"、"一快"、"一广"之特点，即分辨效能高、选择性高、灵敏度高、样品用量少、分析速度快、应用范围广。

气相色谱法按固定相的物理状态分类，分为气 - 固色谱法和气 - 液色谱法；按色谱过程分离原理不同分类，分为吸附色谱法和分配色谱法；按色谱柱粗细不同分类，分为填充柱色谱法和毛细管柱色谱法。

二、气相色谱仪的基本组成

气相色谱仪的基本组成如图 10 - 5 所示，由五个系统组成，即载气系统、进样系统、分离系统、检测系统和记录系统。

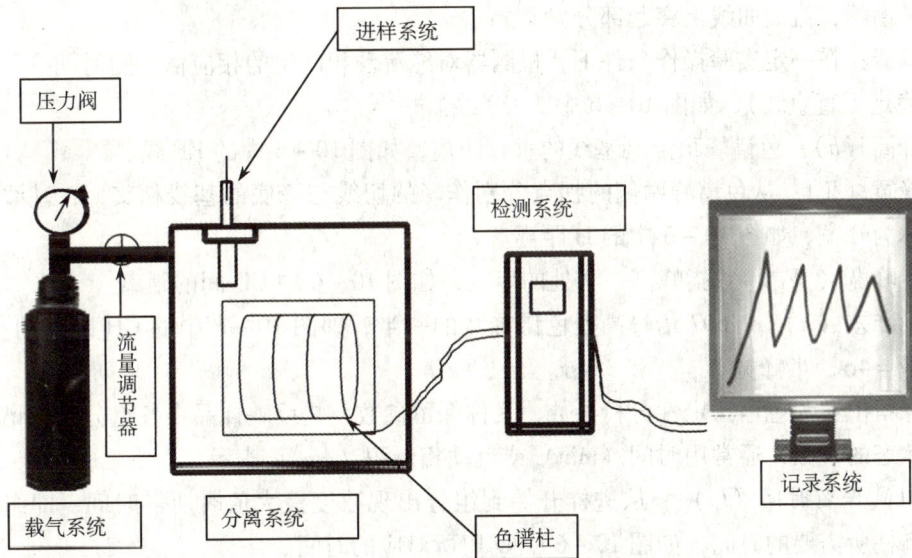

图 10 - 5 气相色谱仪结构示意图

三、气相色谱法的基本理论

(一) 色谱图

试样中各组分经色谱柱分离后，随流动相进入检测器，检测器将各组分的浓度（或

质量）变化转换为电压（或电流）信号，由记录仪记录下来，所得到的电信号强度－时间曲线即浓度（或质量）－时间曲线，称为色谱流出曲线，即色谱图，见图10－6。

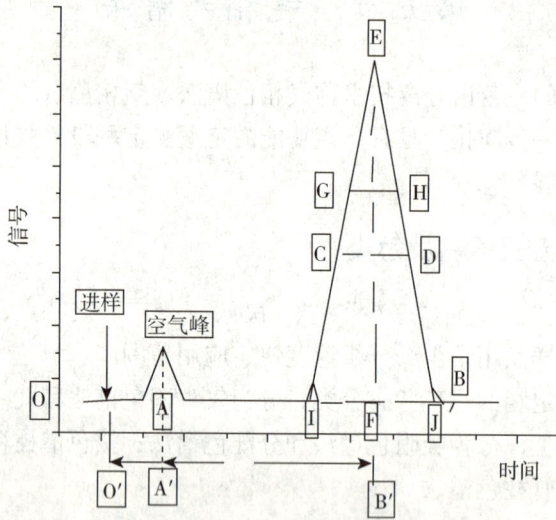

图 10 - 6　色谱流出曲线

（二）基本术语

色谱峰：流出曲线上突起部分。

基线：在一定实验操作条件下，检测器对纯流动相产生的相应信号随时间变化的曲线（稳定平直直线），如图10－6中的OB线。

峰高（h）：色谱峰顶点到基线的垂直距离，如图10－6中的EF线。

峰宽（W）：从色谱峰两侧的拐点分别作峰的切线与峰底的基线相交，在基线上的截距称为峰宽，如图10－6中的IJ距离。

半峰宽（$W_{1/2}$）：指峰高一半处的峰宽，如图10－6中CD间的距离。

标准差（σ）：0.607倍峰高处色谱峰宽的一半，即图10－6中的GH距离的一半。峰宽$W = 4\sigma$，半峰宽$W_{1/2} = 2.354\sigma$。

保留值：为色谱法定性分析参数，又称保留参数，是反映样品中各组分在色谱柱中停留状态的参数，通常用时间（min）或流动相体积（cm^3）表示：

（1）**保留时间（t_R）**　从进样开始到组分出现浓度极大值时所需时间，即组分通过色谱柱所需要的时间，如图10－6中O′B′所对应的时间。

（2）**死时间（t_0）**　不被固定相溶解或吸附组分的保留时间（即组分在流动相中所消耗的时间），或流动相充满柱内空隙体积占据的空间所需要的时间，又称流动相保留时间，如图10－6中O′A′所对应的时间。

（3）**调整保留时间（t'_R）**　组分的保留时间与死时间差值，即组分在固定相中滞留的时间，如图10－6中A′B′所对应的时间。

调整保留时间、保留时间、死时间之间的关系：

$$t'_R = t_R - t_0 \qquad (10-3)$$

此外，还有保留体积、死体积、调整保留体积等，表示的意义与上述无大的差别，只是以流动相的流出体积作图所得。

（三）色谱分离基本原理

1. 塔板理论

马丁（Martin）等人于1952年提出塔板理论，将色谱柱看作由许多假想的塔板组成，每个塔板之间的距离作为理论塔板高度（H），在一定柱长（L）中塔板的数目称为理论塔板数（n），则有：

$$n = \frac{L}{H} \qquad (10-4)$$

实验中可利用色谱图上所得保留时间和峰宽或半峰宽数据来求算理论塔板数 n。

$$n = 16\left(\frac{t_R}{W}\right)^2 = 5.54\left(\frac{t_R}{W_{1/2}}\right)^2 \qquad (10-5)$$

■ **课堂互动**

色谱图上的色谱峰流出曲线可以说明什么问题？

2. 速率理论

1956年，荷兰学者范·第姆特（Van Decmter）等人在塔板理论的基础上，建立了色谱过程动力学理论，即速率理论，并提出了 Van Decmteer 方程：

$$H = A + \frac{B}{u} + Cu \qquad (10-6)$$

式中A、B、C为常数。A称涡流扩散项；u为载气平均线速度，单位为 cm/s；$\frac{B}{u}$称纵向扩散项（分子扩散项）；Cu称为传质阻力项。由10-6式可知，当u一定时，只有当A、B、C较小时，H才能有较小值，才能获得高的柱效能，反之，柱效能降低。

3. 分离度（R）

分离度也称为分辨率或分辨度，它表示了相邻色谱峰的实际分离程度，定义为相邻两色谱峰保留值之差与两峰底宽的平均值之比。

$$R = \frac{(t_{R2} - t_{R1})}{\frac{1}{2}(W_1 + W_2)} = \frac{2\Delta t_R}{W_1 + W_2} \qquad (10-7)$$

R越大，分离效果越好，一般$R>1.5$，两峰完全分离。《中国药典》要求定量分析应使$R>1.5$。

■ **课堂互动**

已知某色谱柱的理论塔板数为 3600，组分 A 与 B 在该柱上的保留时间为 15min 和 20min，求两峰的底宽和分离度。

色谱分析的目的是将样品中各组分彼此分离，组分要达到完全分离，两峰间的距离必须足够大。两峰间的距离是由组分在两相间的分配系数决定的，但是两峰间虽有一定距离，如果每个峰都很宽，以致彼此重叠，还是不能分开。实践证明色谱峰的宽或窄是由组分在色谱柱中传质和扩散行为决定的。

四、定性与定量方法

（一）定性分析

1. 保留时间定性

在一定的色谱系统和操作条件下，每种物质都有一定的保留时间，如果在相同色谱条件下，被测物与标准对照品的保留时间相同，则可初步判断它们是同一物质。

为了提高定性分析的可靠性，可改变色谱条件（分离柱、流动相、柱温等）或在样品中添加标准对照品，如果被测物的保留时间仍然与标准对照品一致，则可判断它们为同一物质。

2. 利用不同检测方法定性

同一样品可以采用多种检测方法检测，如果被测组分和标准对照品在不同的检测器上有相同的响应行为，则可初步判断两者是同一种物质。在高效液相色谱中，还可通过二极管阵列检测器比较两个峰的紫外或可见光谱图。

3. 保留指数定性

在气相色谱中，可以利用文献中的保留指数数据定性。保留指数随温度的变化率还可以判断化合物的类型，因为不同类型化合物的保留指数随温度的变化率不同。

4. 与其他仪器联用定性

将具有定性能力的分析仪器如质谱仪（MS）、红外分光光度计（IR）、原子吸收光谱仪（AAS）、原子发射光谱仪（AES，ICP－AES）等仪器作为色谱仪的检测器，可获得比较准确的定性信息。

气相色谱法常用标准对照品进行定性，利用被测物和标准对照品的保留时间对照进行定性和在被测物中加入标准对照品前后的色谱图对照进行定性。

（二）定量方法

定量分析的依据是被测组分的量与检测器的响应值成正比，即被测组分的量与它在色谱图上的峰面积或峰高成正比。因此色谱法可利用峰面积 A 或峰高 h 定量，其计算公式为：

$$m_i = f_i A_i \quad \text{或} \quad m_i = f_i h_i \tag{10-8}$$

目前，气相色谱仪的数据记录和处理均由色谱工作站控制，能自动显示峰面积及峰高并打印输出。

式 10-8 中的 f_i 为定量校正因子。由于化合物的绝对定量校正因子难以测定，它随实验条件的变化而变化，故很少采用，实际工作中一般采用相对定量校正因子，其定义为：某组分 i 与所选定的基准物质 s 的绝对定量校正因子之比，应用最多的是相对质量校正因子，计算公式如下：

$$f_m = \frac{f'_{m(i)}}{f'_{m(s)}} = \frac{\dfrac{m_i}{A_i}}{\dfrac{m_s}{A_s}} = \frac{A_s m_i}{A_i m_s} \tag{10-9}$$

气相色谱法常用的定量方法有：

1. 外标法（标准曲线法）

将被测组分的标准对照品配制一系列标准溶液，在严格一致的条件下对各标准溶液和被测溶液分别进行色谱分析，用所测得的各标准溶液峰面积对应其浓度作图，得到标准曲线，根据标准曲线确定被测组分的含量。外标法不需使用校正因子，准确度较高，但操作条件变化对结果准确度影响较大，且对进样量准确度的要求较高，适用于大批量试样的快速分析。

2. 内标法

内标法是选择一种物质作为内标物（对照物），与试样混合后进行色谱分析。在样品中加入一定量的内标物后，注入气相色谱仪记录色谱图，测量组分的峰面积和内标物峰面积，用下式计算质量分数：

$$\omega_i = \frac{m_i}{m_S} = \frac{A_i f'_i}{A_{内} f'_{内}} \times \frac{m_{内}}{m_S} \tag{10-10}$$

式中：ω_i 为 i 被测组分的质量分数；A_i、$A_{内}$ 分别为 i 组分和内标物的峰面积；f'_i、$f'_{内}$ 分别为 i 组分和内标物的相对质量校正因子；$m_{内}$、m_S 分别为内标物和样品的质量。

内标法对内标物的要求：①样品中不含有内标物且不与其发生化学反应。②相对校正因子已知或可以测量。③内标物与被测组分保留时间相近，但两峰又能完全分开。④内标物纯度高。

内标法的优点：进样量不超量时，重复性好；操作条件对分析结果无影响；只需被测组分和内标物出峰，与其他组分是否出峰无关；适合测定微量组分等。

内标法的缺点：内标物要准确称量；寻找合适的内标物困难；操作较复杂；需已知或可测校正因子。

五、应用与实例

气相色谱法应用于药物（包括合成药物、中药成分、复方制剂）的定性、定量、杂质检查及体内药物分析。

维生素 E 原料药的含量测定：取本品约 20mg，精密称定，置棕色具塞瓶中，精密加内标溶液 10ml，密塞，振摇使之溶解，取 1～3μl 注入气相色谱仪，测定，计算。色谱条件：100%二甲基聚硅氧烷为固定液的毛细管柱，柱温为 265℃，色谱柱的理论塔板数按维生素 E 峰计算不低于 5000。校正因子的测定：取正三十二烷，加正己烷溶解并稀释成每 1ml 中含 1.0mg 三十二烷的溶液，作为内标溶液。另取维生素 E 对照品约 20mg，精密称定，置棕色具塞瓶中，精密加内标溶液 10ml，密塞，振摇使之溶解，取 1～3μl 注入气相色谱仪，测定，计算校正因子。

课堂互动

下述说法中哪一种是错误的？
（1）根据色谱峰的保留时间可以进行定性分析
（2）根据色谱峰的面积可以进行定量分析
（3）色谱图上峰的个数一定等于试样中的组分数

第六节　高效液相色谱法

以液体为流动相的柱色谱分离技术称为液相色谱法。

一、高效液相色谱法与经典液相色谱和气相色谱法的比较

在常压下采用普通规格的固定相及流动相进行组分分离的液相色谱法称为经典液相色谱法。气体为流动相的色谱法是气相色谱法，而高效液相色谱法（简称 HPLC）是以经典液相色谱法为基础，利用气相色谱的理论与实验方法，以高压泵输送液体流动相，采用高效固定相以及在线检测方法，发展而成的现代分离分析方法，故高效液相色谱法又称为高速液相色谱法或高压液相色谱法。

二、高效液相色谱法的特点

高效液相色谱法有"四高一广"的特点：

1. 高压

流动相为液体，流经色谱柱时，受到的阻力较大，为了能迅速通过色谱柱，必须对载液加高压。

2. 高速

分析速度快，载液流速快。较经典液相色谱法速度快得多，通常分析一个样品在 15～30 分钟，有些样品甚至在 5 分钟内即可完成，一般小于 1 小时。

3. 高效

分离效能高。可选择高效固定相和流动相以达到最佳分离效果，比工业精馏塔和气相色谱的分离效能高出许多倍。

4. 高灵敏度

紫外检测器可检测 0.01ng 数量级的样品，进样量在微升数量级。

5. 应用范围广

百分之七十以上的有机化合物可用高效液相色谱法分析，特别是高沸点、大分子、强极性、热稳定性差的化合物的分离分析，显示出优势。

此外，高效液相色谱法还有色谱柱可反复使用、样品不被破坏、易回收等优点，但也有缺点，与气相色谱法相比各有所长，相互补充。高效液相色谱的缺点是有"柱外效应"。在从进样到检测器之间，除了柱子以外的任何死空间（进样器、柱接头、连接管和检测池等）中，如果流动相的流型有变化，被分离物质的任何扩散和滞留都会显著地导致色谱峰的加宽，柱效率降低。高效液相色谱检测器的灵敏度不及气相色谱。

三、高效液相色谱仪的基本组成

高效液相色谱仪结构如图 10-7，主要有高压输液泵、色谱柱、进样器、检测器、馏分收集器以及"数据获取与处理系统"等部分。

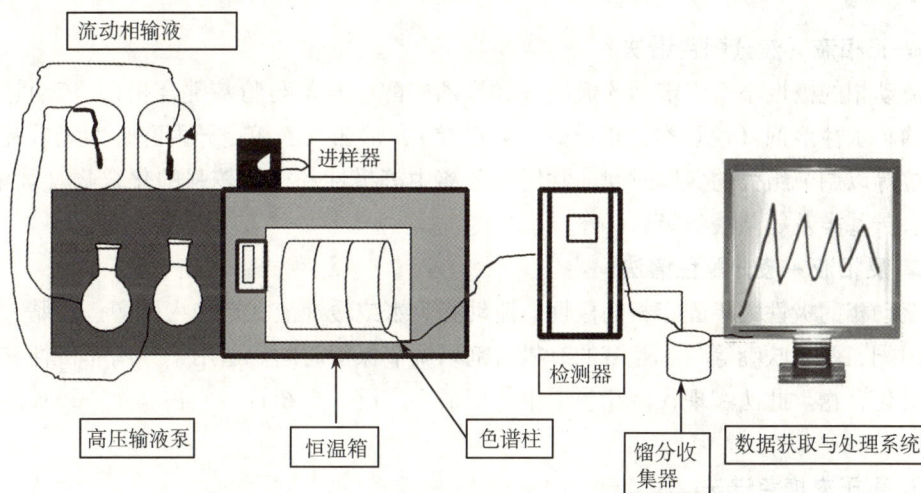

图 10-7 高效液相色谱仪结构示意图

1. 高压输液泵

高压输液泵的功能是驱动流动相和样品通过色谱分离柱和检测系统，对它的性能要求有：流量稳定（±1）、耐高压（30~60Mpa）、耐各种流动相（例如有机溶剂、水和缓冲液等）。它的种类有往复泵和隔膜泵。

2. 色谱柱

色谱柱的功能是分离样品中的各个组分，通常是 10~30cm 长、2~5mm 内径的内壁抛光的不锈钢管柱，填料粒度为 5~10μm 的高效微粒固定相。

3. 进样器

进样器的功能是将被分析样品引入色谱系统，主要有四种进样器：10Mpa 以下的

$1 \sim 10\mu m$ 微量注射器进样、停流进样、阀进样和自动进样。其中阀进样较常用，较理想，体积可变，可固定。自动进样有利于重复操作，实现自动化。

4. 检测器

检测器的功能是将被测组分在色谱柱流出液中浓度的变化转化为光信号或电信号，其类型有示差折光化学检测器、紫外吸收检测器、紫外－可见分光光度检测器、二极管阵列紫外检测器、荧光检测器及电化学检测器等。

5. 馏分收集器

如果所进行的色谱分离不是为了纯粹的色谱分析，而是为了做其他波谱鉴定，或获取少量试验样品的小型制备，馏分收集是必要的。方法有两个：一是手工收集，少数几个馏分，手续麻烦，易出差错；二是馏分收集器收集，比较理想，微机控制操作准确。

6. 数据获取与处理系统

数据获取和处理系统功能是把检测器检测到的信号显示出来。目前，通过色谱工作站实现。

四、常用的高效液相色谱法

1. 正相液－液分配色谱法

流动相的极性小于固定相的极性（如聚乙二醇、氨基与腈基键合相）；流动相为非极性的疏水性溶剂（烷烃类如正己烷、环己烷），常加入乙醇、异丙醇、四氢呋喃、三氯甲烷等以调节组分的保留时间。常用于分离中等极性和极性较强的化合物（如酚类、胺类、羰基类及氨基酸类等）。

2. 反相液－液分配色谱法

流动相的极性大于固定相的极性。流动相为水或缓冲液，常加入甲醇、乙腈、异丙醇、丙酮、四氢呋喃等与水互溶的有机溶剂以调节保留时间。适用于分离非极性和极性较弱的化合物。此法在现代液相色谱中应用最为广泛，据统计，它占整个 HPLC 应用的80% 左右。

3. 离子交换色谱法

离子交换色谱法简称 IEC，是以离子交换剂作为固定相，基于离子交换树脂上可电离的离子与流动相中具有相同电荷的溶质离子进行可逆交换，利用这些离子与离子交换树脂具有不同的亲和力而将它们分离。凡是在溶剂中能够解离的物质通常都可以用离子交换色谱法来进行分离。

4. 离子对色谱法

离子对色谱法是将一种（或多种）与溶质分子电荷相反的离子（称为对离子或反离子）加到流动相或固定相中，使其与溶质离子结合形成弱极性离子对化合物，从而控制溶质离子的保留行为。

五、应用与实例

高效液相色谱法更适宜于分离分析高沸点、热稳定性差、有生理活性及相对分子量比较大的物质，因而广泛应用于核酸、肽类、内酯、稠环芳烃、高聚物、药物、人体代谢产物、表面活性剂、抗氧化剂、杀虫剂等物质的分析。

黄体酮原料药的含量测定：取本品，精密称定，加甲醇溶解并定量稀释制成每 1ml 中约含 0.2mg 黄体酮的溶液，精密量取 10μl 注入高效液相色谱仪中，记录色谱图；另取黄体酮对照品，同法测定，按外标法以峰面积计算。色谱条件：辛烷基硅烷键合硅胶色谱柱，甲醇－乙腈－水（25∶35∶40）为流动相，紫外检测器的检测波长为 241nm。

同步训练

一、填空题

1. 色谱法又称（　　）和（　　），是一种利用物质的（　　）性质不同进行分离分析的方法。

2. 色谱法具有（　）、（　）、（　）及（　）等特点。

3. 色谱法按流动相与固定相两相所处的状态分为（　　）、（　　）；按固定相的外形分为（　）、（　　）和（　　）；按分离原理分为（　）、（　）、（　）、（　）和（　　）。

4. 柱色谱法又称（　　），是将固定相装于色谱柱内，使样品随液体流动相沿（　）方向由（　　）而（　　）移动而达到分离的方法。包括（　）、（　　）、（　）和（　　）。

5. 纸色谱法是以（　　）为载体，纸上所含（　　）为固定相，用（　　）进行展开的分配色谱。

6. 薄层色谱法或称（　　），是以涂布于（　　）作为固定相，以（　　）为流动相，对混合样品进行（　）、（　　）和（　　）的一种层析分离技术。其操作方法包括（　）、（　）、（　）、（　）和（　　）。

7. 以（　　）称为气相色谱法。高效液相色谱法又称为（　　）或（　　）。

二、单选题

1. 吸附柱色谱和分配柱色谱的根本区别是（　　）
　　A. 溶剂不同　　　　　　　B. 洗脱剂不同　　　　　C. 操作方法不同
　　D. 色谱分离原理不同　　　E. 被分离的物质不同

2. 薄层色谱法是一种快速分离的色谱法，从 20 世纪 50 年代发展起来至今，一直被广泛采用。下列物质除哪项外均可用薄层色谱法进行快速分离（　　）
　　A. 脂肪酸　　　　　　　　B. 糖类　　　　　　　　C. 氨基酸
　　D. 核苷酸　　　　　　　　E. 生物碱

3. 薄层色谱法点样基线一般距玻璃板底端（　　）
　　A. 3～5cm　　　　　　　　B. 2～3 cm　　　　　　　C. 1.5～2cm

D. 0. 3 ~ 0. 5cm   E. 0. 1 ~ 02cm

4. 纸色谱常用正丁醇 – 醋酸 – 水（4∶1∶5）作为展开剂，以下正确的操作方法是（   ）

    A. 三种溶液混合，静置、分层后，取上层作展开剂

    B. 三种溶液混合后直接作展开剂

    C. 三种溶液混合，静置、分层后，取下层作展开剂

    D. 依次用三种溶剂作展开剂

    E. 以上操作都对

5. 分配色谱中的流动相的极性与固定相的极性（   ）

    A. 可随意选择   B. 有一定差距   C. 一定要相同

    D. 可以相同，也可不相同   E. 要相近，能互溶

6. 在薄层色谱法中，硬板和软板的主要区别是（   ）

    A. 所用的黏合剂不同

    B. 制板时，一个加黏合剂，一个无黏合剂

    C. 制板时所用的吸附剂不同

    D. 所分离的组分不同

    E. 制板时所用的玻璃不同

7. 下列哪种物质是常用的吸附剂之一（   ）

    A. 纤维素   B. 碳酸钙   C. 硅胶

    D. 石棉   E. 硅藻土

8. 薄层色谱法与纸色谱法相比，其优点是（   ）

    A. 操作方便   B. 设备简单   C. 能用腐蚀性显色剂

    D. 应用广泛开   E. 样品用量少

9. 分离氨基酸时，常用显色剂是（   ）

    A. 三氯化铁试液   B. 茚三酮试液   C. 氢氧化钠试液

    D. 1% 盐酸   E. 碱性酒石酸铜试液

10. 以碱性氧化铝为吸附剂，适用于分离哪种物质（   ）

    A. 酸性   B. 碱性或中性   C. 酸性或中性

    D. 中性   E. 任何

三、计算题

1. 某样品和标准品经过薄层色谱分离后，样品斑点中心距离原点 8.4cm，标准品斑点中心距离原点 6.2 cm，溶液前沿离原点 12.0 cm，试求样品的 R_f 和标准品的 R_s。

2. 有两种组分共存于某一溶液中，用纸色谱法分离时，它们的比移值 R_f 分别为 0.48 和 0.60，欲在分离后斑点中心之间相距 1.5 cm，则分离时用的滤纸应为多长？

第十一章 原子吸收分光光度法

知识要点

原子吸收分光光度计结构；原子吸收分光光度法的原理和定量分析方法。

原子吸收分光光度法又称为原子吸收光谱分析法，简称原子吸收法。它是基于被测元素处于气态的基态原子对其特征谱线的吸收作用来测定元素含量的一种分析方法。由于原子没有转动和振动能级，其光谱仅来源于原子外层电子的能级间的跃迁，因此谱线尖锐。

原子吸收分光光度法具有以下特点：

1. 灵敏度高

如火焰原子吸收法，大多数元素的测定灵敏度在 $10^{-6}g/ml$；无火焰原子吸收法，一般可达 $10^{-9} \sim 10^{-13}g/ml$。

2. 选择性和重现性好

每种元素都有其特定的吸收谱线，元素间的干扰较小。试样只需简单处理，就可直接进行分析，易得到重现性好的分析结果。

3. 精密度和准确度较高

在微量组分分析中，火焰原子吸收法的相对误差约为1%。一般情况下，单光束原子吸收分光光度计测量精密度（相对标准偏差）为0.5%～2%。

4. 测定范围广

既可做痕量组分的测定，又可做常量组分的测定。不仅可以直接测定金属元素，还可以用间接原子吸收法测定非金属元素和有机物。本法可测七十余种元素。

5. 操作简便，分析快速

仪器操作简便，有自动进样装置的仪器可在短时间内完成大量样品的测定，且重现性好。

除以上优点，它对生物试样中元素含量的测定有较强的适应性。如分析血清中的一些元素，1ml 就能解决问题，还可以分析多种生物样品，如体液、组织、毛发、指甲等，因此在临床检验、药物分析、环境监测、地质勘探、冶金等行业有着广泛的应用。

原子吸收分光光度法尚有一些不足之处，例如测定不同元素需要更换光源灯，多元素同时测定有困难，对复杂样品分析干扰也较严重。

第一节　基本原理

正常情况下，处于能量最低（E_0）、状态最稳定的原子称为基态原子。

一、激发态原子

当原子吸收外界能量被激发时，最外层电子吸收一定的能量，跃迁到较高能级，此时原子处于激发态。激发到较高能级上的电子是不稳定的，在极短的时间内又回到原来的能级，同时发射出原吸收的能量。由于原子无振动能级和转动能级，因而原子吸收光谱只包含有若干尖锐的吸收线。

二、共振吸收线和共振发射线

当电子从基态跃迁到第一激发态时，吸收一定频率的辐射光，称为共振吸收，所产生的吸收谱线称为共振吸收线。由于电子从基态到第一激发态的跃迁最容易发生，因此对多数元素来说，共振吸收线就是该元素测定的灵敏线。由于不同元素，原子外层电子排布不同，共振吸收线的频率也不同，因而共振吸收线又是该元素的特征谱线，测定时通常选用元素的特征谱线进行分析。

当电子由激发态再跃迁回基态时，发射出同样频率的谱线，该谱线称为共振发射线。原子吸收分光光度法就是利用基态原子吸收从光源发射出的该元素的共振发射线进行分析的。

三、定量分析依据

原子吸收分光光度法的测定过程是：从光源发射出具有被测元素特征谱线的光，通过试样蒸气时被蒸气中被测元素的基态原子吸收，利用发射谱线被减弱的程度来测定试样中被测元素含量的方法。例如，测定 $MgCl_2$ 中 Mg 的含量时，先将 $MgCl_2$ 溶液喷射成雾状进入燃烧火焰中，$MgCl_2$ 雾滴在火焰温度下，挥发并解离成镁原子蒸气，使样品中被测元素 Mg 在原子化器中转变成气态的基态 Mg 原子。同时用镁空心阴极灯作光源，发射出镁的特征谱线的光，光通过一定厚度含有基态 Mg 原子的蒸气，部分光被蒸气中基态镁原子吸收而减弱，通过单色器和检测器测得镁的特征谱线的光波被减弱的程度，即可计算出试样中镁的含量。

在实验条件一定时，原子吸收分光光度法的定量分析依据是：

$$A = Kc \tag{11-1}$$

式中 A 为吸光度，K 为常数但未知，c 为溶液浓度。

第二节　原子吸收分光光度计

原子吸收分光光度计有多种类型，但其基本结构是相同的，即由光源、原子化器、分光系统和检测系统四个主要部分组成。

一、光源

光源的作用是发射被测元素的特征谱线，提供原子吸收所需的足够尖锐和足够强度的共振吸收线。常见的光源有空心阴极灯、蒸气放电灯和高频无极放电灯等，其中应用最为广泛的是空心阴极灯。空心阴极灯是由阳极的钨棒和阴极的空心圆筒组成，阴极由被测元素材料构成，圆筒内有低压稀有气体，如图 11 - 1 所示。

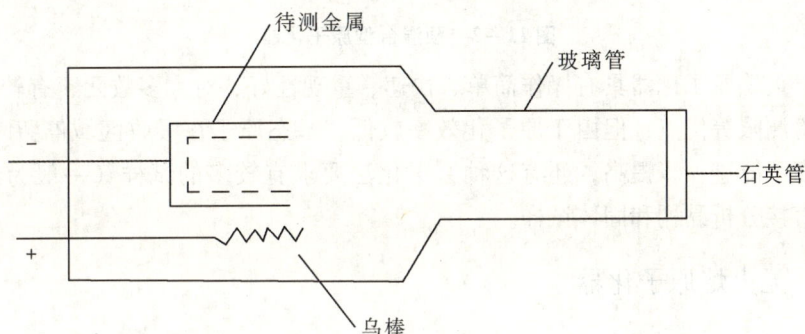

图 11 - 1　空心阴极灯

二、原子化器

原子化器的作用是提供适当的能量，将试样中的被测元素转变成气态基态原子（原子蒸气）。原子化的方法有火焰原子化法和无火焰原子化法两种。

（一）火焰原子化器

火焰原子化器应用最多的是预混合型原子化器，其装置包括雾化器、燃烧器和火焰三部分，如图 11 - 2 所示。

1. 雾化器

雾化器的作用是使试液雾化成非常细小的雾滴，使其在火焰中能产生更多并且稳定的基态原子。

2. 燃烧器

燃烧器的作用是产生火焰。

3. 火焰

火焰的作用是提供一定的能量，促使试样中雾滴蒸发、干燥并通过热分解或还原作用，产生大量的气态基态原子。应用最为广泛的火焰是空气 - 乙炔火焰。

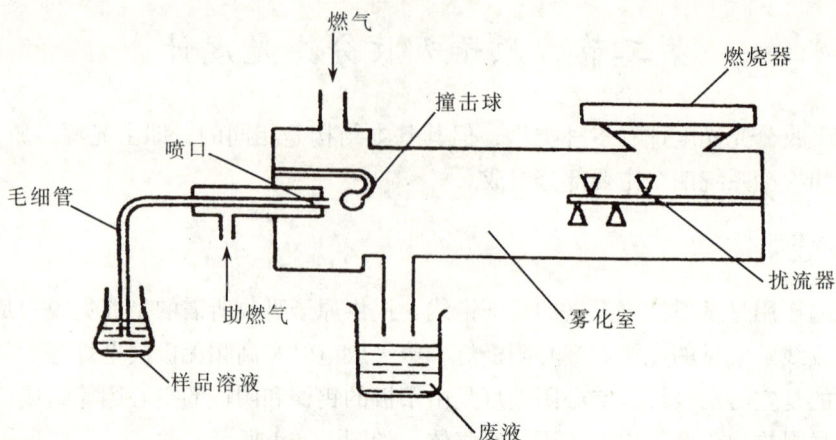

图 11-2　预混合型原子化器

虽然，火焰原子化器具有操作简单、快速、重现性好、对大多数元素有较高的灵敏度和低的检测限等优点，但由于原子化效率较低，基态原子在吸收区域停留时间较短，测定灵敏度不能进一步提高，还有这种原子化法要求有较多的试样（一般为几毫升），并且无法直接分析黏稠和固体试样。

（二）无火焰原子化器

无火焰原子化器是利用电热、阴极溅射等离子体或激光等方法将试样中的被测元素转变成气态基态自由原子。石墨炉是目前应用最广泛的无火焰原子化器。它是一个电加热器，利用电能加热盛放样品的石墨容器，使之达到高温，以实现样品的蒸发和原子化。

三、分光系统

分光系统主要由色散元件、凹面镜和狭缝等组成，这样的系统也称为单色器。其关键的部件是色散元件，现多用光栅。

原子吸收分光光度计的分光系统在光源发射的特征谱线被原子吸收之后，其作用不仅可分掉阴极材料的杂质以及稀有气体发出的谱线，而且还可以分掉火焰的杂散光并防止光电倍增管疲劳。

四、检测系统

原子吸收分光光度计都是采用光电倍增管作为检测器，将检测到的光信号转变为电信号，经检波和放大后，再由对数变换器对信号进行变换，最后由读数装置显示测定结果。

第三节　定量分析方法

原子吸收分光光度法的定量分析是以试样中被测元素的浓度与吸光度之间呈线性函数关系（即公式 11－1）为依据，由标准溶液的浓度换算出样品中被测元素的浓度（或含量）。因此，主要有标准曲线法、标准加入法和内标法等定量分析方法。

一、标准曲线法

标准曲线法是最为常用的一种分析方法。首先在一定条件下，配制一组含有不同浓度被测元素的标准溶液，在与试样完全相同的条件下，由低浓度到高浓度依次测定其吸光度，绘制吸光度 A 对浓度 c 的标准曲线。然后再测定试样的吸光度（A_X），在标准曲线上求出被测元素的浓度 c_X。如图 11－3 所示。

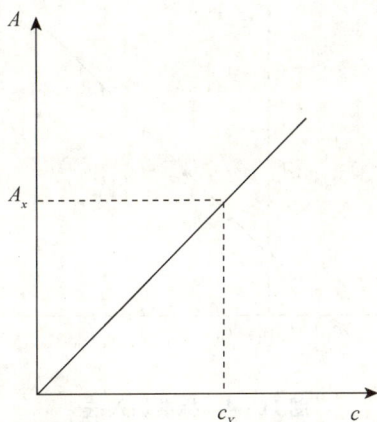

图 11－3　标准曲线法

为了提高分析结果的准确度，要求标准溶液在基体组成、酸碱度、黏度等方面尽可能与试样溶液相近，必要时需加入一定量的干扰抑制剂及基体改良剂，同时还应使试液的吸光度值落在标准曲线的线性范围内。

二、标准加入法

当试样中被测元素成分很少，基体组成复杂，而且对测定又有明显的影响或难于配制与试样组成相似的标准溶液时，可采用标准加入法。被测组分的浓度可用计算法和作图法求得。

1. 计算法

取两份等体积试样，分别置于 A、B 两个容量瓶中，在 B 瓶中加入一定量的标准溶液，再分别稀释至一定体积。设 A 瓶中被测元素的浓度为 c_X，则 B 瓶中的浓度为 $c_X + c_0$（c_0 为加入标准溶液的浓度）。

在相同的条件下测定吸光度分别为 A_x 和 A_0，得

$$A_X = Kc_X \tag{11-2}$$

$$A_0 = K\left(c_0 + c_X\right) \tag{11-3}$$

式 11-2 除式 11-3，整理得：

$$c_X = \frac{A_x}{A_0 - A_x}c_o \tag{11-4}$$

2. 作图法（或直线外推法）

分别取五份相同量的被测试样溶液，从第二份溶液开始分别加入浓度为 c_0、$2c_0$、$3c_0$、$4c_0$ 的被测元素的标准溶液，然后五份溶液稀释至同一体积。在相同的实验条件下分别测定其吸光度为 A_x、A_1、A_2、A_3、A_4。以 A 为纵坐标，c 为横坐标作图，得 $A-c$ 曲线。如果试样中不含被测元素，则曲线通过原点；如果试样中含被测元素，则曲线不通过原点。此时应延长曲线与横坐标交于 c_x，c_x 即为被测试样中被测元素的浓度，见图 11-4。

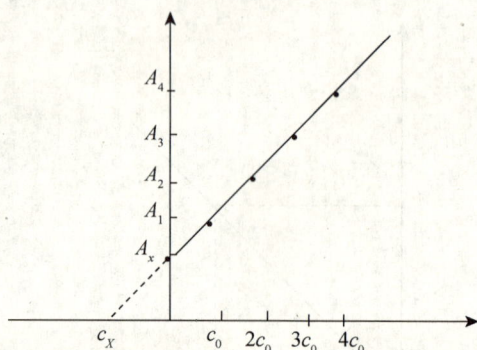

图 11-4　标准加入法

第四节　应用实例

一、血清中钙、镁的含量测定

目前在临床检验中，对各种体液中钙、镁的测定，常用原子吸收分光光度法。例如，在测定血清钙、镁时，可直接在空气-乙炔火焰中分析经 1:20 到 1:50 稀释过的样品。在试样和标准溶液中，加入 1% 的 EDTA 溶液作为配合剂，加入 0.5% 的硝酸镧溶液作为掩蔽剂，以抑制磷酸根的干扰，为防止蛋白质凝固，镧溶液只能在血清稀释后再加入。血清中蛋白质经高度稀释并有镧存在时，对测定无明显干扰。

二、组织试样中铜、铁、锌含量的测定

取组织试样一小块，用自来水冲洗干净，再用去离子水洗净后，在电烤箱中烘干。然后放入坩埚中称重，置于马弗炉中逐渐升温至 400℃，热解 4 小时，使样品灰化，取

出，冷却后，用稀硝酸或稀盐酸溶解，再用去离子水稀释至一定体积，随后用火焰原子吸收法直接测定。分析中，铜、铁元素没有明显的干扰，但是锌元素由于其共振吸收线（213.9nm）接近远紫外区，故要有背景校正。

三、头发中铬的测定

取脑后枕部距离发际 1.5cm 左右的头发约 1g，先用自来水冲洗，再加入约 50ml 5% 洗洁精溶液，不断搅拌洗涤约 1.5 小时，过滤，再用去离子水洗涤，至洗洁精完全清洗干净为止（一般清洗三次以上），然后用丙酮洗涤。将洗涤后的头发放置在 65℃ 左右的恒温箱中烘干 2~3 小时，冷却后，在分析天平上准确称量，放入坩埚中，把坩埚置于马弗炉中，420℃ 下灰化 3 小时。冷却后，加入 5% HCl 溶液 2ml，使灰分充分溶解，然后用石墨炉原子吸收法进行测定。

同步训练

一、填空题

1. 正常情况下，处于（　　）、（　　）的原子称为基态原子。
2. 原子化器原子化的方法有（　　）和（　　）两种。
3. 分光系统主要由（　　）、（　　）和（　　）组成。
4. 火焰原子化装置包括（　　）、（　　）和（　　）三部分。

二、单选题

1. 在原子吸收分光光度法中，应用最广泛的光源是（　　）
   A. 钠光灯　　　　　　B. 日光灯　　　　　　C. 氙灯
   D. 空心阴极灯　　　　E. 火焰
2. 原子吸收分光光度法中，原子化器的作用是（　　）
   A. 将试样中的待测元素转化成气态分子
   B. 将试样中的待测元素转化成激发态原子
   C. 将试样中的待测元素转化成气态基态原子
   D. 将试样中的待测元素转化成气态离子
   E. 将试样中的待测元素转化成液态分子
3. 下列哪项不符合原子吸收分光光度法的特点（　　）
   A. 灵敏度高　　　　　B. 选择性、重现性好　　　　C. 精密度高
   D. 测定范围广　　　　E. 测定不同元素不需要更换光源
4. 下列哪项不是原子吸收分光光度计的主要组成部件（　　）
   A. 光源　　　　　　　B. 分光系统　　　　　　C. 检测系统
   D. 打印系统　　　　　E. 原子化器

5. 在测定血清中钙、镁的含量时，加入硝酸镧的作用是（　　　）

  A. 作为络合剂防止钙、镁离子的流失

  B. 作为沉淀剂除去重金属离子

  C. 调节溶液酸碱度

  D. 凝固蛋白质防止对测定有干扰

  E. 作为掩蔽剂，以抑制磷酸根的干扰

分析化学实践指导

实践1　滴定分析操作练习

一、实践目的要求

1. 认识滴定分析常用仪器。
2. 掌握滴定分析仪器的洗涤方法。
3. 学会容量瓶、移液管及滴定管的基本操作技术。

二、实践仪器与试剂

1. 仪器

25ml 移液管、5ml 吸量管、50ml 烧杯、250ml 三角烧瓶、250ml 容量瓶、酸式滴定管、碱式滴定管、洗耳球、洗瓶、滴管、玻璃棒、滴定架、滴定夹。

2. 试剂

蒸馏水、0.1mol/L HCl、0.1mol/L NaOH、酚酞、甲基橙、0.5mol/L $CuSO_4$。

三、实践内容

1. 认识常用滴定分析仪器

认识容量瓶、移液管及滴定管，说出仪器名称、规格和用途。

2. 洗涤常用滴定分析仪器

（1）容量瓶的洗涤　借助毛刷，用自来水洗涤，必要时用洗液洗涤，直至用自来水冲洗容量瓶内、外壁不挂水珠，再用蒸馏水洗涤 2~3 次后，干燥备用。

（2）移液管的洗涤　先用自来水洗，再用蒸馏水洗涤，较脏时可用洗涤液或洗液洗涤（为减少污染，尽量不用或少用洗液）。

用右手拇指、中指和无名指握住移液管上端合适位置，食指靠近管上口，小指自然放松；左手拿洗耳球握在掌中，尖向下，握紧吸耳球，排出球内空气，将洗耳球尖插入移液管上口（不能漏气）。慢慢松开左手手指，将洗涤液缓缓吸入管内至膨大部分一半处，移开吸耳球，迅速用右手食指堵住移液管上口，放平移液管，转动移液管后，将洗涤液从移液管上口倒出。再用自来水洗移液管内、外壁至不挂水珠，然后用蒸馏水洗涤

2~3次。最后,用待移溶液淋洗2~3次。

（3）滴定管的洗涤 一般用自来水冲洗或洗液泡洗。其中,酸式滴定管可直接用洗液泡洗,但碱式滴定管需将乳胶管取下,用乳胶头将其下口封住,再用洗液泡洗。然后,用自来水、蒸馏水冲洗干净。最后,用待装标准溶液淋洗2~3次。

3. 滴定管的检漏、涂油、排气泡调零点和读数

（1）检漏 向滴定管中加水,检查是否漏液。碱式滴定管漏液应考虑更换玻璃珠或乳胶管或尖嘴玻璃管。

（2）涂油 对于酸式滴定管,若活塞转动不灵活或漏液,先取下活塞,洗净后将活塞和塞槽吹干或用滤纸将水吸干,然后在活塞的两头涂一层很薄的凡士林油（切勿堵住塞孔）。装上活塞并转动,使活塞与塞槽接触处呈透明状态,再装水试验是否漏液。

（3）排气泡调零点 滴定管装满溶液后,检查管下端是否有气泡。酸式滴定管排除气泡:可迅速打开活塞排除。碱式滴定管排除气泡:将橡皮管向上弯曲,捏挤玻璃珠处的橡皮管,使溶液从尖嘴处喷出而除去气泡。酸、碱滴定管排气泡后,须调节标准溶液液面在"0"刻度线。

（4）读数 滴定管装满或放出溶液后等待1~2分钟,待液面稳定后,让滴定管保持垂直,眼睛平视弯月面最低处与刻度线的相切点,再读数。溶液颜色太深时,可读液面两侧的最高点。

4. 容量瓶、移液管和滴定管的使用

（1）用吸量管移取0.5mol/L $CuSO_4$溶液2ml,置于250ml容量瓶中,加水稀释至标线。

（2）用移液管移取0.1mol/L HCl溶液25ml于250ml三角烧瓶中,滴加酚酞指示剂2滴,用0.1mol/L NaOH标准溶液滴定,观察和判断滴定终点。

（3）用移液管移取0.1mol/L NaOH溶液25ml于250ml三角烧瓶中,滴加甲基橙指示剂2滴,用0.1mol/L HCl标准溶液滴定,观察和判断滴定终点。

四、实践结果

表实践-1 NaOH标准溶液滴定HCl溶液

测定次数	1	2	3
V_{NaOH}			

表实践-2 HCl标准溶液滴定NaOH溶液

测定次数	1	2	3
V_{HCl}			

五、思考与讨论

1. 玻璃仪器洗净的标志是什么？

2. 容量瓶、移液管和滴定管使用前应如何处理?

3. 感悟容量瓶、移液管、酸式滴定管和碱式滴定管的操作要领?

实践 2　分析天平的称量练习

一、实践目的要求

1. 了解全机械加码电光天平主要部件的名称和作用。
2. 学会正确使用全机械加码电光天平和电子天平。
3. 掌握直接称量法和减重称量法的基本操作。

二、实践仪器与试剂

1. 仪器

托盘天平、全机械加码电光天平、电子天平、称量瓶、50ml 烧杯。

2. 试剂

NaCl 固体。

三、实践内容

1. 观察分析天平的结构

在教师的指导下观察分析天平结构,说出主要部件的名称和作用。

2. 接通电源

3. 观察天平是否处于水平状态

如不水平,可调节天平脚上升降螺丝,使水平仪内的气泡位于圆环中央。

4. 一般检查

检查天平各部件是否处于正常状态,砝码、圈码是否齐全。若天平内有灰尘,打开天平箱前门,用软毛刷轻扫天平盘及天平箱内的灰尘。并检查天平箱内干燥剂是否失效。

5. 调节天平零点

天平盘空载时,轻轻启动天平,观察投影屏上的读数标线与微分标尺上的"0"刻线是否重合。如相差较小,用底座下面的调零杆微调天平零点。如相差较大,操作方法如下:半启动天平,若微分标尺"0"刻线移向投影屏标线左侧,表明天平左盘重,关闭天平,将天平梁上右侧的平衡螺丝向右移动;若微分标尺"0"刻线移向投影屏标线右侧,表明天平右盘重,关闭天平,将天平上右侧的平衡螺丝向左移动。反复调节至接近"0"刻线时,用调零杆调节,直至标线与"0"刻线重合。

6. 全机械加码电光天平直接法称量烧杯的质量

取一洁净、干燥的 50ml 烧杯,用托盘天平粗称其质量(准确到 0.1g)。将烧杯置于天平右盘中央,左盘加砝码和圈码。半启动升降枢纽试称,观察到投影屏上的标线在微分标尺 $0 \sim 10mg$ 范围以内时,将天平完全启动,待天平静止后,读数并记录烧杯的质量(称量值读准至小数点后四位),关闭天平。

7. 全机械加码电光天平减重法称量 NaCl 药品两份，每份 0.2 ~ 0.3g 的 NaCl 固体

（1）**粗称** 取一洁净、干燥称量瓶（手不可直接接触称量瓶），加入 0.7g NaCl 固体，托盘天平粗称其质量（准确到 0.1g）。

（2）**精确称量** 在分析天平上精确称量，读数并记录质量 m_1，精确至小数点后四位，关闭天平。

（3）**倾倒药品** 在指数盘上减去约 0.3g 环码，将称量瓶拿到容器上方，轻轻敲击称量瓶的上方外缘，使 NaCl 固体慢慢落入容器中（勿使 NaCl 撒落在容器外）。当敲出 NaCl 质量接近 0.3g 后，将称量瓶立起，用瓶盖轻敲称量瓶口，使沾在瓶口的 NaCl 回落到称量瓶底，盖好瓶盖，继续在分析天平上精确称量。

（4）**精确称量** 半启动天平，观察微分标尺移动的方向，移向右侧（称量瓶侧），表明敲出 NaCl 不足 0.3g，继续敲出；移向左侧（砝码侧），表明 NaCl 质量超出 0.3g，当投影屏上的标线指在微分标尺 0 ~ 10mg 范围以内时，完全启动天平，待天平静止后，读数并记录质量 m_2，关闭天平。

重复操作（3）和（4），记录质量 m_3。

8. 电子天平直接称量 0.3g NaCl 固体

（1）观察电子天平。

（2）调节天平水平。

（3）接通电源。

（4）**天平自检** 按 ON/OFF 键，当显示器显示 0.0000 时，自检过程结束。

（5）**称量** 取一洁净、干燥的小烧杯置于电子天平盘上，关好边门，按 TAR 键去皮，待显示器显示 0.0000 时，在小烧杯中加入 0.3g NaCl 固体。称量完毕，按 ON/OFF 键，关断显示器，天平处于待机状态。若一个月以上不用时，切断电源。

四、实践结果

1. 直接法称量烧杯的质量

表实践 -3　直接法称量烧杯的质量

指数盘所示砝码质量（g）	投影屏所示质量（g）	被称物的质量（g）
烧杯 1		
烧杯 2		

2. 减重法称量 NaCl 药品两份

表实践 -4　减重法称量 NaCl 药品两份

	第一份	第二份
称量瓶 + NaCl（g）	$m_1 =$	$m_2 =$
倒出 NaCl 后（g）	$m_2 =$	$m_3 =$
NaCl 质量（g）	$m =$	$m =$

五、思考与讨论

1. 为什么减重称量法不用调节零点？
2. 为什么同一次实验的所有称量，必须使用同一台天平？
3. 电子天平的称量优势是什么？

实践 3 盐酸标准溶液的配制与标定

一、实践目的要求

1. 掌握盐酸标准溶液的配制方法。
2. 掌握标定盐酸标准溶液的原理和方法。
3. 熟悉滴定管和分析天平的使用。

二、实践仪器与试剂

1. 仪器

10ml 量筒、500ml 量筒、50ml 酸式滴定管、250ml 三角烧瓶、称量瓶、分析天平、玻璃棒、洗瓶。

2. 试剂

浓 HCl、无水碳酸钠、甲基橙指示剂。

三、实践内容

1. 0.1mol/L 盐酸标准溶液的配制

用洁净 10ml 量筒量取 4.5 ml 浓盐酸，倒入 500ml 量筒中，加蒸馏水至 500ml 刻度线，用玻璃棒搅拌均匀即可。

2. 0.1mol/L 盐酸标准溶液的标定

用减重法精密称取无水碳酸钠约 0.1g（称量至 0.0001g），置于 250ml 三角烧瓶中，加 20～30ml 适量水溶解，加入甲基橙指示剂 1～2 滴，用盐酸标准溶液滴定溶液由黄色变为橙色即为滴定终点，记录消耗盐酸标准溶液的体积。

平行操作三次。

四、计算公式

$$c_{\text{HCl}} = \frac{2m_{\text{Na}_2\text{CO}_3}}{V_{\text{HCl}}M_{\text{Na}_2\text{CO}_3}} \times 10^3$$

五、实践结果

表实践 – 5　0.1mol/L 盐酸标准溶液的标定

测定次数	1	2	3
$m_{碳酸钠}$（g）			
V_{HCl}（ml）			
c_{HCl}（mol/L）			
平均值			

六、思考与讨论

1. 为什么采用间接配制法配制盐酸标准溶液？
2. 为什么无水碳酸钠使用前要在 27℃ ~30℃ 干燥至恒重？

实践 4　氢氧化钠标准溶液的配制与标定

一、实践目的要求

1. 掌握氢氧化钠标准溶液配制和标定的原理、方法。
2. 会正确地判断滴定终点。

二、实践仪器与试剂

1. 仪器
托盘天平、500ml 烧杯、10ml 量筒、500ml 量筒、50ml 碱式滴定管、250ml 三角烧瓶、称量瓶、分析天平、500ml 聚乙烯塑料瓶、玻璃棒、洗瓶。

2. 试剂
固体氢氧化钠、基准邻苯二甲酸氢钾、酚酞指示剂。

三、实践内容

1. 饱和氢氧化钠溶液的配制
用托盘天平称取固体氢氧化钠约 110g，倒入装有 100ml 蒸馏水的 500ml 烧杯中，加入新煮沸并冷却的蒸馏水 100ml，用玻璃棒搅拌使其溶解成饱和溶液。贮存于 500ml 聚乙烯塑料瓶中，静置，澄清后备用。

2. 0.1mol/L 氢氧化钠标准溶液的配制
用洁净 10ml 量筒量取 2.8ml 澄清的饱和氢氧化钠溶液，倒入 500ml 量筒中，加新煮沸并冷却的蒸馏水至 500ml 刻度线，用玻璃棒搅拌均匀即可。

3. 0.1mol/L 氢氧化钠标准溶液的标定

用减重法精密称取基准邻苯二甲酸氢钾 3 份，每份质量控制在 0.4g 左右（称量至 0.0001g），分别置于 250ml 三角烧瓶中，加入蒸馏水约 20ml 溶解，加酚酞指示剂 2 滴，用待标定的氢氧化钠标准溶液滴定溶液由无色变为淡红色并保持 30 秒不褪色即为滴定终点。记录消耗氢氧化钠标准溶液的体积。

平行操作三次。

四、计算公式

$$c_{NaOH} = \frac{m_{KHC_8H_4O_4}}{M_{KHC_8H_4O_4} V_{NaOH}}$$

五、实践结果

表实践 – 6   0.1mol/L 氢氧化钠标准溶液的标定

测定次数	1	2	3
$m_{邻苯二甲酸氢钾}$（g）			
V_{NaOH}（ml）			
c_{NaOH}（mol/L）			
平均值			

六、思考与讨论

1. 为什么采用间接配制法配制氢氧化钠标准溶液？
2. 配制氢氧化钠标准溶液为什么要使用新煮沸并冷却的蒸馏水？
3. 配制氢氧化钠标准溶液为什么要先配制其饱和溶液？

实践 5   硼砂含量的测定

一、实践目的要求

1. 掌握用酸碱滴定法直接测定物质含量的原理和方法。
2. 掌握固体样品含量测定的方法。
3. 进一步巩固滴定操作。

二、实践仪器与试剂

1. 仪器

50ml 酸式滴定管、250ml 三角烧瓶、称量瓶、分析天平、洗瓶。

2. 试剂

盐酸标准溶液、硼砂样品、甲基红指示剂。

三、实践内容

精密称取硼砂样品约 0.4g（称量至 0.0001g），置于 250ml 三角烧瓶中，加入蒸馏水约 25ml，加热溶解，冷却至室温，加入甲基红指示剂 2 滴，用盐酸标准溶液滴定溶液至橙色即为滴定终点，记录消耗盐酸标准溶液的体积。

平行操作三次。

四、计算公式

$$\omega_{Na_2B_4O_7 \cdot 10H_2O} = \frac{\frac{1}{2} c_{HCl} V_{HCl} M_{Na_2B_4O_7 \cdot 10H_2O} \times 10^{-3}}{m_S}$$

五、实践结果

表实践 -7　硼砂含量测定

测定次数	1	2	3
m_S（g）			
V_{HCl}（ml）			
$\omega_{硼砂}$			
平均值			

六、思考与讨论

1. 甲基橙与甲基红都可作为酸碱指示剂指示滴定终点，它们有何异同？
2. 酸碱滴定法中能用直接法测量的物质需要满足什么条件？

实践 6　生理盐水中氯化钠含量的测定

一、实践目的要求

1. 掌握吸附指示剂法测定生理盐水中氯化钠含量的原理和方法。
2. 会正确地判断滴定终点。

二、实践仪器与试剂

1. 仪器

10ml 量筒、100ml 量筒、250ml 三角烧瓶、250ml 容量瓶，25ml 移液管、100ml 移液管、50ml 酸式滴定管、洗耳球、洗瓶。

2. 试剂

生理盐水、0.1000mol/L AgNO₃、荧光黄指示剂、2% 糊精溶液。

三、实践内容

用 100ml 移液管精密移取生理盐水 100.0ml 至 250ml 容量瓶中，加蒸馏水稀释至标线，摇匀。

用 25ml 移液管移取上述溶液，置于 250ml 三角烧瓶中。加 20ml 蒸馏水稀释，加 2% 糊精溶液 5ml，再加荧光黄指示剂 5~8 滴。在不断振摇下，用 0.1000mol/L AgNO₃ 标准溶液滴定至出现粉红色沉淀为滴定终点，记录消耗的 AgNO₃ 标准溶液的体积。

平行测定 3 次。

四、计算公式

$$\rho_{NaCl} = \frac{c_{AgNO_3} V_{AgNO_3} M_{NaCl}}{100.0 \times \frac{25.00}{250.0}}$$

五、实践结果

表实践 – 8　生理盐水中氧化钠含量的测定

测定次数	1	2	3
V_{AgNO_3}（ml）			
ρ_{NaCl}			
平均值			

六、思考与讨论

1. 为什么用荧光黄作指示剂？
2. 本实验是否可以先加入指示剂再加入糊精？

实践 7　EDTA 标准溶液的配制

一、实践目的要求

1. 学会对基准物质 EDTA 进行预处理。
2. 掌握直接法配制 EDTA 标准溶液的方法。

二、实践仪器与试剂

1. 仪器

分析天平、250ml 容量瓶、称量瓶、药匙、100ml 烧杯、洗瓶、滴管、玻璃棒。

2. 试剂

$Na_2H_2Y \cdot 2H_2O$ （A. R）。

三、实践内容

0.01mol/LEDTA 标准溶液的配制：用分析天平精密称取 0.95g （称量至 0.0001g） 干燥至恒重的分析纯 $Na_2H_2Y \cdot 2H_2O$，置于 100ml 烧杯中，加适量蒸馏水，微热溶解，冷却后定量转移至 250ml 的容量瓶中，稀释至标线，摇匀备用。

四、计算公式

$$c_{EDTA} = \frac{m_{EDTA}}{V_{EDTA}M_{EDTA}} \times 10^3$$

五、实践结果

表实践 – 9　EDTA 标准溶液的配制

测定次数		
m_{EDTA} （g）		
c_{EDTA} （mol/L）		

六、思考与讨论

1. 为什么采用直接配制法配制 EDTA 标准溶液？
2. 容量瓶使用时分几步操作？

实践 8　血清总钙测定（模拟）

一、实践目的要求

1. 掌握配位滴定法测定血清总钙浓度的原理及方法。
2. 会正确地判断滴定终点。
3. 进一步巩固滴定操作。

二、实践仪器与试剂

1. 仪器

50ml 酸式滴定管、250ml 三角烧瓶、2ml 移液管、20ml 移液管、洗耳球、洗瓶。

2. 试剂

血清（模拟）、钙标准溶液、EDTA·2Na 标准溶液、0.25mol/L 氢氧化钾溶液、钙红指示剂。

三、实践内容

250ml 三角烧瓶 2 个，标明测定瓶和标准瓶，于测定瓶中加入血清 2 ml，标准瓶中加入钙标准溶液 2 ml，向各瓶加入 0.25mol/L 氢氧化钾溶液 20ml，钙红指示剂 2 滴，混匀，溶液呈淡红色，迅速用 EDTA·2Na 标准溶液滴定，直至溶液呈淡蓝色为终点，记录滴定各瓶 EDTA·2Na 标准溶液的用量（ml）。

平行测定三次。

四、计算公式

$$血清钙（mmol/L）= \frac{测定瓶\ EDTA·2Na\ 消耗量（ml）}{标准瓶\ EDTA·2Na\ 消耗量（ml）} \times 2.5$$

五、实践结果

表实践－10　血清总钙测定

测定次数	1	2	3
$V_{EDTA(测定瓶)}$（ml）			
$V_{EDTA(标准瓶)}$（ml）			
血清钙（mmol/L）			
平均值			

六、思考与讨论

1. 推导血清钙的计算公式。
2. 为什么滴定前加入 0.25mol/L 氢氧化钾溶液？

实践 9　硫酸亚铁的含量测定

一、实践目的要求

1. 掌握高锰酸钾法直接测定硫酸亚铁含量的原理和方法。
2. 掌握高锰酸钾法滴定终点的判断。
3. 熟悉自动催化反应和自身指示剂法。
4. 进一步熟悉滴定管和分析天平的使用。

二、实践仪器与试剂

1. 仪器

50ml 酸式滴定管（棕色）、250ml 三角烧瓶、100ml 量筒、称量瓶、分析天平、洗瓶。

2. 试剂

0.02000mol/L $KMnO_4$ 标准溶液、3mol/L H_2SO_4 溶液、$FeSO_4 \cdot 7H_2O$、1mol/L $MnSO_4$ 溶液。

三、实践内容

精密称取 $FeSO_4 \cdot 7H_2O$ 约 0.5g（称量至 0.0001g），加稀硫酸与新煮沸并冷却的蒸馏水各 15ml 溶解后，立即用 0.02000mol/L 高锰酸钾标准溶液滴定至溶液呈微红色，并保持 30 秒内不褪色即为滴定终点，记录消耗 $KMnO_4$ 标准溶液的体积。

平行测定三次。

四、计算公式

$$\omega_{FeSO_4 7H_2O} = \frac{5}{1} \times \frac{c_{KMnO_4} V_{KMnO_4} M_{FeSO_4 7H_2O}}{m_S}$$

五、实践结果

表实践 –11　硫酸亚铁的含量测定

测定次数	1	2	3
$V_{高锰酸钾}$（ml）			
$\omega_{硫酸亚铁}$			
平均值			

六、思考与讨论

1. 用高锰酸钾法测定 $FeSO_4 \cdot 7H_2O$ 含量时，能否用 HNO_3 或 HCl 来控制酸度？

2. 用高锰酸钾法测定 $FeSO_4 \cdot 7H_2O$ 含量时，为什么不能通过加热来加速滴定反应？

实践 10　维生素 C 含量的测定

一、实践目的要求

1. 掌握直接碘量法测定维生素 C 含量的原理。

2. 学会使用淀粉指示剂确定滴定终点。

3. 学会计算维生素 C 的含量。

4. 熟悉滴定管和分析天平的使用。

二、实践仪器与试剂

1. 仪器

10ml 量筒、100ml 量筒、50ml 酸式滴定管（棕色）、250ml 三角烧瓶、称量瓶、分析天平、洗瓶。

2. 试剂

维生素 C 样品、2mol/L CH_3COOH 溶液、5% 淀粉指示剂、0.1000mol/L I_2 标准溶液。

三、实践内容

1. 维生素 C 样品的称量与溶解

用减重称量法精密称取维生素 C 样品约 0.2g 三份（称量至 0.0001g），分别置于标号为 1、2、3 的 250ml 三角烧瓶中，分别加入 2mol/L CH_3COOH 溶液 10ml 及新鲜的蒸馏水 100ml，待样品完全溶解后加 5% 淀粉指示剂 1ml。

2. 酸式滴定管的润洗与 I_2 标准溶液的加入

将洗净的酸式滴定管每次用约 10ml I_2 标准溶液润洗 3 次后，将 I_2 标准溶液装入滴定管中，排除气泡后调节滴定管液面为 "0" 刻度。

3. 维生素 C 含量的测定

左手控制酸式滴定管活塞，右手握三角烧瓶瓶颈，用 0.1000mol/L I_2 标准溶液滴定维生素 C 溶液，边滴边摇，滴定至溶液显蓝色且 30 秒内不褪色即为滴定终点，记录消耗 I_2 标准溶液的体积。

平行测定三次。

四、计算公式

$$\omega_{C_6H_8O_6} = \frac{c_{I_2} V_{I_2} M_{C_6H_8O_6} \times 10^{-3}}{m_S}$$

五、实践结果

表实践-12　维生素 C 含量的测定

测定次数	1	2	3
$m_{样品}$（g）			
$V_{碘}$（ml）			
$\omega_{维生素C}$			
平均值			

六、思考与讨论

1. 为什么要用新鲜的蒸馏水来溶解维生素 C 样品？
2. 测定中加入稀醋酸的目的是什么？

实践 11　酸度计测定溶液的 pH 值

一、实践目的要求

1. 掌握用酸度计测定溶液 pH 值的方法。
2. 学会正确地校准、检验和使用酸度计。
3. 学会用两次测定法测定溶液的 pH 值。

二、实践仪器与试剂

1. 仪器

pHS－3C 型酸度计、玻璃电极和饱和甘汞电极或复合电极、100ml 烧杯。

2. 试剂

标准 pH 缓冲溶液、被测溶液。

三、实践内容

1. 标准 pH 缓冲溶液的配制

配制方法如表实践－13 所示。

表实践－13　标准 pH 缓冲溶液的配制方法

试剂名称	混合磷酸盐	硼砂
分子式	KH_2PO_4 和 Na_2HPO_4	$Na_2B_4O_7 \cdot 10H_2O$
溶液浓度	0.025mol/L	0.01mol/L
试剂的干燥与预处理	KH_2PO_4：110±5℃干燥至恒重 Na_2HPO_4：120±5℃干燥至恒重	放在含有 NaCl 和蔗糖饱和溶液的干燥器中保存
配制方法	3.4021gKH_2PO_4 和 3.5490gNa_2HPO_4，溶于蒸馏水后，定量稀释至 1L	3.8137g 硼砂溶于适量无 CO_2 的蒸馏水中，定量稀释至 1L

2. pHS－3C 型酸度计的校准与检验

（1）使用前准备　将电源适配器插入 220V 交流电源上，直流输出插头插入仪器后面板上的"DC9V"电源插孔。把电极装在电极架上，取下仪器电极插口上的短路插头，插上电极。注意电极插头在使用前应保持清洁干燥，切忌被污染。按电源开关键，接通电源，预热 5 分钟左右。

（2）仪器的校准

①按"模式"键，使仪器处于酸度测量方式（此时显示屏上"pH"灯亮），按"增加"或"降低"键将温度显示调节到标准 pH 缓冲液的温度值。

②将清洗过的电极浸入已知 pH_s 值的标准 pH 缓冲溶液中。摇动烧杯或搅拌溶液，使电极前端球泡与标准 pH 缓冲溶液均匀接触。

③按"标定"键，仪器自动识别，屏幕显示出相应标准 pH 缓冲溶液的标准 pH_S 值。

④换另一标准溶液，重复②③步骤。

3. 被测溶液 pH 值测定

用蒸馏水冲洗电极，并用滤纸吸干水；把电极浸入被测溶液，将温度调节至被测溶液的温度值，摇动烧杯或搅拌溶液，待示值稳定后即可读取被测溶液的 pH 值。

四、注意事项

1. 标定时，尽可能用接近样品 pH_X 值的标准 pH 缓冲溶液，且标定溶液的温度尽可能与样品溶液的温度一致。

2. 要保证标准 pH 缓冲溶液的准确可靠。标准 pH 缓冲溶液一般可保存 2~3 个月。如发现有浑浊、发霉或沉淀等现象时，不能继续使用。

3. 不同的样品，应选择相适应的 pH 电极（例如测量强酸、强碱或者蒸馏水等）。

4. 将电极从一种溶液移入另一溶液之前，应用蒸馏水清洗电极，用滤纸将水吸干。不要刻意擦拭电极的玻璃球泡，否则可能导致电极响应迟缓。

5. 测定强酸、强碱或特殊性溶液（如含蛋白质、油漆等溶液），应尽量减少浸泡时间，用后仔细清洗。

五、实践结果

表实践 –14　用酸度计测定溶液的 pH 值

测定次数	1	2	3
pH 值			

六、思考与讨论

1. 测定溶液的 pH 值为什么要用两次测定法？

2. 为什么要用与被测溶液 pH 值接近的标准 pH 缓冲溶液来标定仪器？标定后，能否再动标定按键？

实践 12　吸收光谱曲线的绘制

一、实践目的要求

1. 学会 721 型分光光度计的操作方法。

2. 学会绘制吸收光谱曲线的一般方法。

3. 能够根据吸收光谱曲线找到最大吸收波长。

二、实践仪器与试剂

1. 仪器

721 型分光光度计、20ml 移液管、50ml 容量瓶、洗耳球、滤纸。

2. 试剂

0. 125g/L $KMnO_4$ 溶液。

三、实践内容

1. 用移液管精密量取 0. 125g/L $KMnO_4$ 溶液 20. 00ml，置于 50ml 容量瓶中，加蒸馏水至标线，摇匀备用。此时 $KMnO_4$ 溶液的浓度为 $50\mu g/ml$。

2. 将配制的 $KMnO_4$ 溶液和参比溶液（蒸馏水）分别置于 1cm 的比色杯中，并放入 721 型分光光度计的吸收池架上，夹紧夹子，按照 721 型分光光度计的操作规程（见后）测定吸光度。

3. 分别以波长为 420nm、440nm、460nm、480nm、500nm、515nm、520nm、523nm、525nm、527nm、530nm、550nm、570nm、590nm、610nm、630nm、650nm、670nm、690nm 的光作为入射光，测定 $KMnO_4$ 溶液的吸光度。每改变一次入射光的波长，都需要用参比溶液调节百分透光率为 100% 后再测定溶液的吸光度。

四、注意事项

1. 在能够使参比溶液的百分透光率顺利地调到"100%"的前提下，仪器灵敏度档尽可能选用较低档。

2. 每次读数后应随手打开暗箱盖，自动关闭光路闸门，保护光电管。

3. 不能用手捏比色杯的透光玻璃面，比色杯盛放溶液前，应用待盛放的溶液洗 3 次。

4. 试液应装至比色杯高度的五分之四处，装液时要尽量避免溢出，如果池壁上有液滴，应用滤纸或绢布吸干。

5. 仪器室内照明不宜太强，避免电扇或空调直接吹向仪器，以免灯丝发光不稳。

6. 要经常检查仪器各个部位放置的干燥剂，发现硅胶变色，应立即更换。

五、实践结果

表实践 – 15　吸收光谱曲线的绘制

λ(nm)	420	440	460	480	500	515	520	523	525	527	530	550	570	590	610	630	650	670	690
A																			

根据测定结果，选择适当的坐标比例，在坐标纸上绘制高锰酸钾溶液的吸收光谱曲线。以入射光波长λ为横坐标，其对应的吸光度 A 为纵坐标，在 A – λ坐标系中标出所有的点，画一条平滑的曲线连接各点，即吸收光谱曲线。

在吸收光谱曲线中，找到吸收峰最高处所对应的波长，即 $KMnO_4$ 溶液的最大吸收波长 λ_{max}。

六、思考与讨论

1. 在测定吸光度之前，为什么 721 型分光光度计接通电源后需预热 30 分钟？

2. 用不同浓度的 $KMnO_4$ 溶液绘制吸收光谱曲线，测得的最大吸收波长是否相同？为什么？

3. 文献资料显示，$KMnO_4$ 的最大吸收波长（λ_{max}）为 525nm。您测得的最大吸收波长是多少？若二者有差异，试做解释。

4. 改变入射光的波长时，为什么要用参比溶液调节百分透光率为 100% 再测定溶液的吸光度？

附：721 型分光光度计的操作规程

1. 接通电源，打开试样室盖和仪器开关，预热 30 分钟。

2. 在打开试样室盖的情况下，选择 1 档灵敏度，用零点调节钮将电表指针调至百分透光率"0"位。

3. 将参比溶液（用蒸馏水代替）置入光路，关闭试样室盖，光路闸门自动打开，光线透过参比溶液照射到光电管上。用 100% 调节旋钮将电表指针调至百分透光率为"100%"。

4. 按上述方法反复调节"0"和"100%"，即打开试样室盖用零点调节钮调"0"，关闭试样室盖用 100% 调节旋钮调"100%"，直至稳定不变。

5. 关闭试样室盖，拉出吸收池架推拉杆，将被测溶液置入光路，记录吸光度的读数。

6. 每次变换测量波长，都应该重复 2～4 操作步骤后，再测定被测溶液的吸光度，并记录吸光度读数。

7. 测定完毕，关闭仪器开关，切断电源，将各旋钮恢复至原位，取出吸收池，用蒸馏水洗净，置于滤纸上晾干后装入比色皿盒，罩好仪器，登记使用情况。

实践 13　高锰酸钾溶液的定量分析

一、实践目的要求

1. 学会绘制标准曲线（工作曲线）的方法。
2. 学会用标准曲线法定量测定高锰酸钾溶液的含量。
3. 熟练使用 721 型分光光度计测定溶液的吸光度。

二、实践仪器与试剂

1. 仪器

721 型分光光度计、电子天平、250ml 烧杯、100ml 量筒、1000ml 容量瓶、50ml 容量瓶、5ml 吸量管、洗耳球。

2. 试剂

$KMnO_4$ （A. R）、0.05mol/L H_2SO_4溶液、$KMnO_4$样品溶液。

三、实践内容

1. 制备 $KMnO_4$标准溶液

精密称取 $KMnO_4$（A. R）试剂 0.5000g，置于 250ml 烧杯中，加入蒸馏水 100ml 和 0.05mol/L 的 H_2SO_4溶液 20ml，溶解后，定量转移置 1000ml 容量瓶中，定容，摇匀备用，其浓度 $c_{标}$ 为 0.5000mg/ml。

2. 制备 $KMnO_4$标准系列

取 6 个 50ml 容量瓶，编号，分别加入上述标准溶液 0.00ml、1.00ml、2.00ml、3.00ml、4.00ml、5.00ml，依次加入蒸馏水稀释至标线，摇匀，放置 5 分钟。

3. 制备 $KMnO_4$样品比色溶液

精密吸取 $KMnO_4$样品溶液（浓度约为 0.5000mg/ml）5.00ml，置于 50ml 容量瓶中，加入蒸馏水稀释至标线，摇匀，放置 5 分钟。

4. 测定 $KMnO_4$标准系列的吸光度

以 $KMnO_4$的最大吸收波长作为入射光，以 1 号瓶（不加 $KMnO_4$标准溶液）作参比溶液（即空白溶液），以 1cm 比色杯作吸收池，用 721 型分光光度计测定标准系列的吸光度。测定时，应依次从稀溶液至浓溶液进行测定。

5. 测定 $KMnO_4$样品比色溶液的吸光度

按测定标准系列吸光度相同的条件和方法，测定样品比色溶液的吸光度 $A_{样}$。

四、注意事项

1. 配制高锰酸钾标准溶液的浓度必须准确，正确计算标准系列的浓度。
2. 测定条件应保持前后一致，及时记录测定结果。

五、计算公式

$$c_{原样} = c_{样} \times 稀释倍数$$

六、实践结果

表实践 –16　高锰酸钾溶液 $A-c$ 曲线绘制

编号	1	2	3	4	5	6	样品比色溶液
A							
c（μg/ml）							

根据测定结果，选择合适的坐标比例，用坐标纸绘制标准曲线。以吸光度 A 为纵坐标、标准溶液浓度 c 为横坐标，在 $A-c$ 坐标系中找到对应的点描绘曲线，即得标准

曲线。

在标准曲线上找出样品比色溶液的吸光度 $A_{样}$ 对应的溶液浓度 $c_{样}$，计算高锰酸钾样品溶液的浓度 $c_{原样}$。

$$c_{原样} = c_{样} \times 10$$

七、思考与讨论

1. 为什么以 $KMnO_4$ 溶液的最大吸收波长作为入射光测定吸光度？
2. 如果被测物是固体样品，能否计算出 $KMnO_4$ 的含量？

实践 14　维生素 B_{12} 溶液的定量分析

一、实践目的要求

1. 学会 UV－755B 型紫外－可见分光光度计的使用方法。
2. 学会用吸光系数法测定维生素 B_{12} 溶液的含量。

二、实践仪器与试剂

1. 仪器

UV－755B 型紫外－可见分光光度计、石英比色杯、容量瓶、移液管、洗耳球。

2. 试剂

维生素 B_{12} 注射液。

三、实践内容

1. 制备维生素 B_{12} 样品比色溶液

精密吸取一定体积的维生素 B_{12} 注射液，按照标示含量，用蒸馏水将其准确稀释 n 倍，使稀释后样品比色溶液的浓度为 25×10^{-3} g/L。

2. 测定样品比色溶液的吸光度

将样品比色溶液和参比溶液（以蒸馏水代替）分别盛于 1cm 石英比色杯中，按照 UV－755B 型紫外－可见分光光度计的操作规程（见后），在 361nm 波长处测定其吸光度 $A_{样}$。

注意：使用 UV－755B 型紫外－可见分光光度计，200～330nm 波长范围使用氘灯，330～1000nm 波长范围使用钨灯。

四、计算公式

《中国药典》（2010 版）规定：维生素 B_{12} 在 361nm 波长处的吸收峰干扰因素少，吸收最强，其百分吸光系数（$E_{1cm}^{1\%}$ 为 207）可以作为测定该注射液实际含量的依据。本实践采用吸收系数（α 值为 20.7）进行计算。根据光的吸收定律推导如下计算公式，从而求出其浓度。

$$\rho = \frac{A_样}{\alpha \cdot L} = \frac{A_样}{20.7 \times 1.00} = A_样 \times 4.831 \times 10^{-2} \ (g/L)$$

$$c_{原样} = c_样 \times 稀释倍数$$

五、实践结果

表实践 -17　维生素 B_{12} 溶液的吸光度

测定次数	1	2	3	平均值
A				

将 361nm 波长处样品比色溶液吸光度 $A_样$ 代入上述计算公式，计算维生素 B_{12} 样品比色溶液的浓度。维生素 B_{12} 注射液的浓度为：

$$\rho_注 = \rho \times n$$

式中 n 为维生素 B_{12} 注射液的稀释倍数。

六、思考与讨论

1. 根据钨灯和氘灯的使用波长范围，以及维生素 B_{12} 的最大吸收波长，测定时应选择哪个灯作光源？

2. 测定吸光度时为什么要采用石英比色杯？若采用玻璃吸收池，有何影响？

3. 吸收系数与摩尔吸光系数的意义有何不同？二者如何进行换算？

4. 用吸收系数法和标准曲线法进行定量分析的优缺点各是什么？

附：UV -755B 型紫外 -可见分光光度计的操作规程

1. 接通电源，打开仪器开关，仪器显示"F755B"；按"MODE"键，仪器显示 T "＊＊"。检查仪器后面反射镜位置是否是需要的灯源位置，200～330nm 波长范围内用氘灯，330～1000nm 波长范围内用钨灯。仪器初始化结束后，预热 30 分钟。

2. 调节"λ"键使波长显示所需之数值。

3. 取二只相互匹配的石英比色杯，其中一只放入参比溶液，另一只放入被测试样，将比色杯放入样品室内的比色杯架上，夹紧夹子，将参比溶液推入光路。

4. 盖上样品室盖，按"MODE"键，便显示 τ （T）状态或 A 状态。按"100％τ"键，显示"$T100.0$"或"$A0.000$"。

5. 打开样品室盖，按"0％τ"键，显示"$T0.0$"或"$AE1$"。

6. 盖上样品室盖，按"100％τ"键，显示"$T100.0$"。

7. 将被测溶液推入光路，显示试样溶液的 A 值或 τ （T）值。

8. 如果要将测定结果记录下来，只要按"PRINT"键即可。

9. 每次变换测量波长，都应该重复上述 5、6 操作步骤之后，再测定被测溶液的透光率 τ （T）值或吸光度 A 值。

本次实验仅需得到 τ（T）或 A 值，不需要得到浓度 c 值，所以，掌握上述的基本使用方法即可。

如果要测定浓度 c 值，常用两种方法在仪器内建立浓度曲线方程，直接测得被测溶液的浓度值。

（1）输入 M、N 系数，建立浓度曲线方程 $A = Mc + N$

将 $M = 2.123 \times 10^{-3}$、$N = 1.025 \times 10^{-3}$ 输入仪器建立浓度曲线方程，步骤如下：

①按"CLEAR"键清除原有方程，在 c 模式下显示"CEO"。

②先输入 M，再输入 N。即按 2.123，再按"M/N"输入 M 值；按 1.025，再按"M/N"输入 N 值。

注意：若输入 0.001，在仪器内转换成 0.001×10^{-3}。同理，其他任何数值的输入，在仪器内均乘以 10^{-3}。

③在 c 模式下显示实际数字，则说明浓度曲线方程已建立。

④调整波长至所需之处，将被测试样溶液推入光路，在 c 模式下显示的数值即为被测试样的浓度值，若需打印，则按"PRINT"键。

（2）输入标准溶液的浓度值，建立标准曲线（$A - c$ 曲线）

将浓度分别为 100、300、500（单位）的标准溶液输入仪器，建立标准曲线，步骤如下：

①将参比试样和 100、300、500（单位）三个标准试样放入样品池中。

②调整波长至所需之处，按"CLEAR"键清除原有方程，在 c 模式下显示"CEO"。

③将参比试样推入光路，按"100%τ"键，置满度，打开样品池盖，按"0%τ"键。

④将 100（单位）标准试样推入光路，按"100c"键，显示"$c01$"，则一点已输入。

⑤将 300（单位）标准试样推入光路，按"300c"键，显示"$c02$"，则二点已输入。

⑥将 500（单位）标准试样推入光路，按"500c"键，显示"$c03$"，则三点已输入。

以上三个浓度值输入微机后，即建立了标准曲线。将未知试样推入光路，在 c 模式下显示的值即为被测试样的浓度值。

10. 数据打印方式

（1）**实时打印** 仪器在 T、A、c 任何一种模式下，按"PRINT"键便可打印现状态 T、A、c 的相应数值。若标准曲线方程没有建立，则浓度（c）一栏打印"NO"。

（2）**定时打印** 本仪器能够提供定时测量打印，以秒为时间单位，操作方式如下：如需对数据进行定时采样，采样次数为 20 次，间隔为 5 秒，则按键"5"键，"PRINT"，再按键"20"键，"PRINT"，仪器便进入定时打印状态。若想终止定时打印状态，按"CE"键可退出。

11. 测定完毕，关闭仪器开关，切断电源，取出比色被，用蒸馏水洗净，置于滤纸上晾干后装入比色杯盒，照好仪器，登记使用情况。

实践 15　几种金属离子的吸附柱色谱

一、实践目的要求

1. 熟悉吸附柱色谱法分离原理。
2. 掌握 Fe^{3+}、Cu^{2+}、Co^{2+} 的吸附柱色谱分离操作技术。

二、实践仪器与试剂

1. 仪器
色谱柱（内径 12.5 mm×长 30cm，带活塞）、玻璃漏斗、三角烧瓶、镊子。
2. 试剂
含有 Fe^{3+}、Cu^{2+}、Co^{2+} 的样品溶液、中性氧化铝、脱脂棉、滤纸。

三、实践内容

1. 装柱（湿法）
用镊子取少许脱脂棉放于干净的色谱柱底部，轻轻塞紧，关闭活塞，向柱中倒入蒸馏水至约为柱高的 3/4 处，通过一干燥的玻璃漏斗慢慢加入中性氧化铝于色谱柱中，打开活塞，控制流出速度为 1 滴/秒；并用橡皮塞轻轻敲打色谱柱下部，使填装紧密，当中性氧化铝装 3/4 柱时，再在上面加一片小圆滤纸或脱脂棉。操作时一直保持上述流速，注意不能使液面低于氧化铝的上层。
2. 加样
当溶剂液面刚好流至滤纸面时，立即沿色谱柱内壁加入含有 Fe^{3+}、Cu^{2+}、Co^{2+} 的样品溶液，当此溶液流至接近滤纸面时，立即用少量蒸馏水洗下管壁的样品溶液，如此连续 2~3 次，直至洗净为止。
3. 洗脱
用蒸馏水洗脱，控制流出速度。整个过程都应有洗脱剂覆盖吸附剂。极性小的色带首先向下移动，极性较大的留在柱的上端，形成不同的色带。观察 Fe^{3+}、Cu^{2+}、Co^{2+} 色带的出现，并用三角烧瓶收集洗脱液。

四、实践结果

从色谱柱的底部往上出现的色谱带依次是＿＿＿＿、＿＿＿＿、＿＿＿＿，对应的离子是＿＿＿＿、＿＿＿＿、＿＿＿＿。

五、思考与讨论

1. 柱子中若有气泡或装填不均匀，将给分离造成什么样的结果？如何避免？

2. 为什么可用蒸馏水作含 Fe^{3+}、Cu^{2+}、Co^{2+} 样品溶液的洗脱剂?

实践 16　两种混合染料的薄层色谱

一、实践目的要求

1. 掌握薄层色谱分离操作原理。
2. 熟悉罗丹明 B 和甲基黄混合染料的薄层色谱分离操作技术。

二、实践仪器与试剂

1. 仪器

托盘天平、载玻片、研钵、10ml 量筒、色谱缸。

2. 试剂

样品溶液（含罗丹明 B 和甲基黄）、硅胶 G、95% 乙醇、罗丹明 B 标准品溶液、甲基黄标准品溶液。

三、实践内容

1. 薄板的制备（硬板的制备）

在托盘天平上称取 4g 硅胶 G 于研钵中，加入 10ml 蒸馏水，在研钵中研磨均匀成糊状，倾注到清洁干燥的载玻片上，用手轻轻地左右摇动，使糊状物表面平滑并均匀分布在载玻片上，室温下晾干，110℃ 活化 30 分钟。也可用市售的硅胶板切割成适宜大小备用。

2. 点样

先用铅笔在距薄板一端 2cm 处轻轻划一横线作为起始线，在起始线中间划 " + " 作为原点，然后用毛细管吸取样品溶液，在起始线原点处小心点样 3 次，斑点直径一般不超过 2mm，每次点样，应待前次点样的溶剂挥发后方可重新点样，以防样点过大，造成拖尾、扩散等现象，而影响分离效果。点样要轻，不可刺破薄板。然后，分别点罗丹明 B 标准品溶液和甲基黄标准品溶液，3 个样点间距离应为 1～1.5cm。

3. 展开

将点样的薄板放入盛有 0.95% 乙醇（展开剂）的密闭色谱缸内（此时薄板不侵入展开剂中），饱和 10 分钟。将薄板点样一端朝下浸入乙醇溶液中，盖好色谱缸盖，待展开剂至薄板 3/4 高度时取出，立即在薄板上划出展开剂前沿。晾干，观察斑点位置，计算 R_f 值。

4. 定性

比较罗丹明 B 标准品溶液、甲基黄标准品溶液与样品溶液 R_f 值，鉴定样品溶液中是否含有罗丹明 B 和甲基黄。

四、计算公式

$$R_f = \frac{\text{原点到斑点中心的距离}}{\text{原点到展开剂前沿的距离}}$$

五、实践结果

表实践 – 18　薄层色谱分离操作实践结果

物　　　质	样品溶液		罗丹明 B 标准品溶液	甲基黄标准品溶液
	1	2		
原点到斑点中心的距离				
原点到展开剂前沿的距离				
R_f 值				
定性结论				

六、思考与讨论

1. 影响 R_f 值的因素有哪些?
2. 如何利用 R_f 值来鉴定化合物?

实践 17　饮用水中微量锌的含量测定

一、实践目的要求

1. 熟悉原子吸收分光光度计的基本结构和使用方法。
2. 掌握标准加入法测定饮用水样品中锌的含量。

二、实践仪器与试剂

1. 仪器

原子吸收分光光度计、分析天平、空气压缩泵、乙炔钢瓶、1ml 吸量管、10ml 吸量管、25ml 移液管、100ml 容量瓶、250ml 烧杯。

2. 试剂

分析纯无砷锌、1∶1HCl、去离子水。

三、实践内容

1. 锌标准贮备液的配制

精密称取分析纯无砷锌 100.0mg，置于 250ml 烧杯中，加入适量的 1∶1HCl 溶解，然后定量转移到 100ml 容量瓶中，用去离子水稀释至标线，摇匀。此溶液含锌 1mg/ml。

2. 锌标准溶液的配制

准确吸取锌标准贮备液 1.00ml 于 100ml 容量瓶中，用去离子水稀释至标线，摇匀。

此溶液含锌 10μg/ml。

3. 水样的制备

（1）让自来水龙头开启放水 5 分钟，然后用洁净的 250ml 烧杯接水。

（2）分别用移液管吸取 25.00ml 自来水置于 6 个 100ml 容量瓶中，然后用 1ml 吸量管依次移入锌标准溶液 0.00ml、1.00ml、2.00ml、3.00ml、4.00ml、6.00ml，用去离子水稀释至标线，摇匀。

4. 实验条件

波长 213.9nm，灯电流 6mA，狭缝 0.1nm，电压 600V，空气 400L/h，乙炔 75L/h，燃烧器高度 5mm。

5. 仪器的调整和使用

（1）安装空心阴极灯　调节灯电流至指定值，慢慢转动空心阴极灯，使能量表指针偏转最大。

（2）单色器波长调节　调节单色器波长至分析线波长处，来回慢慢调节，至能量表指示最大为止。如指针超过蓝区，应调回到蓝区。

（3）燃烧器位置校正　为使光轴位于燃烧器缝隙的正上方，并使光线通过火焰中原子蒸气浓度的最大部位，应借助于对光板来调整燃烧器位置。一般光轴应高于灯头 3~6mm。

（4）点燃火焰　点燃空气 - 乙炔火焰，并调节燃气 - 助燃气比例。

（5）测定　将水样依次从低浓度到高浓度测定吸光度，并记录。

四、注意事项

溶液 pH 值对锌的吸收有影响，在 pH 值为 2~5 时锌的吸收为一定值。在 pH 值为 5~10 时锌的吸收随 pH 值的增高而降低。这是由于 pH 值为 5~10 时，$Zn(OH)_2$ 逐步沉淀，所以，要保持 pH 值为 2~5。

五、实践结果

表实践 - 19　饮用水中微量锌吸光度

测定次数	1	2	3	4	5	6
吸光度（A）						

在坐标纸上以吸光度 A 为纵坐标，浓度 c 为横坐标作图，从标准加入曲线与横坐标的交点计算水样中锌的含量。

六、思考与讨论

1. 在使用原子吸收分光光度计时，应从哪几个方面考虑建立最佳实验条件？

2. 标准加入法有什么优点？标准加入法和标准曲线法有什么不同？

附　　录

附录1　元素的相对原子质量

（按照原子序数排列，以 $^{12}C = 12$ 为基准）

原子序数	元素符号	中文名称	英文名称	相对原子质量	原子序数	元素符号	中文名称	英文名称	相对原子质量
1	H	氢	Hydrogen	1.00794 (7)	25	Mn	锰	Manganese	54.938045 (5)
2	He	氦	Helium	4.002602 (2)	26	Fe	铁	Iron（Ferrum）	55.845 (2)
3	Li	锂	Lithium	6.941 (2)	27	Co	钴	Cobalt	58.933195 (5)
4	Be	铍	Berylium	9.012182 (3)	28	Ni	镍	Nickel	58.6934 (4)
5	B	硼	Boron	10.811 (7)	29	Cu	铜	Copper（Cuprum）	63.546 (3)
6	C	碳	Carbon	12.0107 (8)	30	Zn	锌	Zinc	65.38 (2)
7	N	氮	Nitrogen	14.0067 (2)	31	Ga	镓	Gallium	69.723 (1)
8	O	氧	Oxygen	15.9994 (3)	32	Ge	锗	Germanium	72.64 (1)
9	F	氟	Fluorine	18.9984032 (5)	33	As	砷	Arsenic	74.92160 (2)
10	Ne	氖	Neon	20.1797 (6)	34	Se	硒	Selenium	78.96 (3)
11	Na	钠	Sodium（Natrium）	22.98976928 (2)	35	Br	溴	Bromine	79.904 (1)
12	Mg	镁	Magnesium	24.3050 (6)	36	Kr	氪	Krypton	83.798 (2)
13	Al	铝	Aluminium	26.9815386 (8)	37	Rb	铷	Rubidium	85.4678 (3)
14	Si	硅	Silicon	28.0855 (3)	38	Sr	锶	Strontium	87.62 (1)
15	P	磷	Phosphorus	30.973762 (2)	39	Y	钇	Yttrium	88.90585 (2)
16	S	硫	Sulfur	32.065 (5)	40	Zr	锆	Zirconium	91.224 (2)
17	Cl	氯	Chlorine	35.453 (2)	41	Nb	铌	Niobium	92.90638 (2)
18	Ar	氩	Argon	39.948 (1)	42	Mo	钼	Molybdenum	95.96 (2)
19	K	钾	Potassium（Kalium）	39.0983 (1)	43	Tc	锝	Technetium	[98]
20	Ca	钙	Calcium	40.078 (4)	44	Ru	钌	Ruthenium	101.07 (2)
21	Sc	钪	Scandium	44.955912 (6)	45	Rh	铑	Rhodium	102.90550 (2)
22	Ti	钛	Titanium	47.867 (1)	46	Pd	钯	Palladium	106.42 (1)
23	V	钒	Vanadium	50.9415 (1)	47	Ag	银	Silver（Argentum）	107.8682 (2)
24	Cr	铬	Chromium	51.9961 (6)	48	Cd	镉	Cadmium	112.411 (8)

续表

原子序数	元素符号	中文名称	英文名称	相对原子质量	原子序数	元素符号	中文名称	英文名称	相对原子质量
49	In	铟	Indium	114.818（3）	84	Po	钋	Polonium	[209]
50	Sn	锡	Tin（Stannum）	118.710（7）	85	At	砹	Astatine	[210]
51	Sb	锑	Antimony（Stibium）	121.760（1）	86	Rn	氡	Radon	[222]
52	Te	碲	Tellurium	127.60（3）	87	Fr	钫	Fracium	[223]
53	I	碘	Iodine	126.90447（3）	88	Ra	镭	Radium	[226]
54	Xe	氙	Xenon	131.293（6）	89	Ac	锕	Actinium	[227]
55	Cs	铯	Caesium	132.9054519（2）	90	Th	钍	Thorium	232.03806（2）
56	Ba	钡	Barium	137.327（7）	91	Pa	镤	Protactinium	231.03588（2）
57	La	镧	Lanthanum	138.90547（7）	92	U	铀	Uranium	238.02891（3）
58	Ce	铈	Cerium	140.116（1）	93	Np	镎	Neptunium	[237]
59	Pr	镨	praseodymium	140.90765（2）	94	Pu	钚	Plutonium	[244]
60	Nd	钕	Neodymium	144.242（3）	95	Am	镅	Americium	[243]
61	Pm	钷	Promethium	[145]	96	Cm	锔	Curium	[247]
62	Sm	钐	Samarium	150.36（2）	97	Bk	锫	Berkelium	[247]
63	Eu	铕	Europium	151.964（1）	98	Cf	锎	Californium	[251]
64	Gd	钆	Gadolinium	157.25（3）	99	Es	锿	Einsteinium	[252]
65	Tb	铽	Terbium	158.92535（2）	100	Fm	镄	Fermium	[257]
66	Dy	镝	Dysprosium	162.500（1）	101	Md	钔	Mendelevium	[258]
67	Ho	钬	Holmium	164.93032（2）	102	No	锘	Nobelium	[259]
68	Er	铒	Erbium	167.259（3）	103	Lr	铹	Lawrencium	[262]
69	Tm	铥	Thulium	168.9342（2）	104	Rf	𬬻	Rutherfordium	[267]
70	Yb	镱	Ytterbium	173.054（5）	105	Db	𬭊	Dubnium	[268]
71	Lu	镥	Lutetium	174.9668（1）	106	Sg	𬭳	Seaborgium	[271]
72	Hf	铪	Hafnium	178.49（2）	107	Bh	𬭛	Bohrium	[272]
73	Ta	钽	Tantalum	180.94788（2）	108	Hs	𬭶	Hassium	[270]
74	W	钨	Tungsten（Wolfram）	183.84（1）	109	Mt	鿏	Meitnerium	[276]
75	Re	铼	Rhenium	186.207（1）	110	Ds	𫟼	Darmstadtium	[281]
76	Os	锇	Osmium	190.23（3）	111	Rg	𬬭	Roentgenium	[280]
77	Ir	铱	Iridium	192.217（3）	112	Uub		Ununbium	[285]
78	Pt	铂	Platinum	195.084（9）	113	Uut		Ununtrium	[284]
79	Au	金	Gold（Aurum）	196.966569（4）	114	Uuq		Ununquadium	[289]
80	Hg	汞	Mercury（Hydrargyrum）	200.59（2）	115	Uup		Ununpentium	[288]
81	Tl	铊	Thallium	204.3833（2）	116	Uuh		Ununhexium	[293]
82	Pb	铅	Lead（Plumbum）	207.2（1）	118	Uuo		Ununoctium	[294]
83	Bi	铋	Bismuth	208.98040（1）					

注：录自 2007 年国际相对原子质量表。（ ） 表示原子质量最后一位的不确定性，［ ］ 中的数值为没有稳定同位素的半衰期最长同位素的质量数。

附录 2　常用式量表

分子式	分子量	分子式	分子量
$AgBr$	187.77	$KSCN$	97.181
$AgCl$	143.32	$MgCl_2$	95.211
Ag_2CrO_4	331.73	$MgSO_4 \cdot 7H_2O$	246.47
AgI	234.77	$Na_2B_4O_7 \cdot 10H_2O$	381.37
$AgNO_3$	169.87	$NaBr$	102.89
$AgSCN$	165.95	$NaCl$	58.443
Al_2O_3	101.96	Na_2CO_3	105.99
As_2O_3	197.84	$NaHCO_3$	84.007
$BaCl_2 \cdot 2H_2O$	244.26	$Na_2HPO_4 \cdot 12H_2O$	358.14
$BaSO_4$	233.39	$NaNO_2$	68.995
$CaCO_3$	100.09	$NaOH$	39.997
CaC_2O_4	128.10	$Na_2S_2O_3 \cdot 5H_2O$	248.18
CaO	56.077	NH_3	17.031
$CaCl_2 \cdot H_2O$	129.00	$NH_4Fe(SO_4)_2 \cdot 12H_2O$	482.19
$CaCl_2 \cdot 6H_2O$	219.08	$NH_3 \cdot H_2O$	35.046
$Ca(OH)_2$	74.093	NH_4Cl	53.491
CO_2	44.010	NH_4SCN	76.128
CuO	79.545	$PbSO_4$	303.26
$CuSO_4 \cdot 5H_2O$	249.69	P_2O_5	141.94
$FeSO_4 \cdot 7H_2O$	278.01	SiO_2	60.084
H_3BO_3	61.833	SO_2	64.064
H_2CO_3	62.025	SO_3	80.063
HCl	36.461	ZnO	81.379
$HClO_4$	100.46	$HC_2H_3O_2$ （醋酸）	60.052
HNO_2	47.013	$HC_7H_5O_2$ （苯甲酸）	122.12
HNO_3	63.013	$H_2C_8H_4O_4$ （邻苯二甲酸）	166.13
H_2O	18.015	$H_2C_4H_4O_6$ （酒石酸）	150.09
H_2O_2	34.015	$H_2C_2O_4 \cdot 2H_2O$ （草酸）	126.07
H_3PO_4	97.995	$C_{10}H_9AgN_4O_2S$ （磺胺嘧啶银）	357.14
H_2SO_4	98.078	$C_{22}H_{40}BrNO$ （度米芬）	414.46
I_2	253.81	$C_{13}H_{20}N_2O_2 \cdot HCl$ （盐酸普鲁卡因）	272.77
$KAl(SO_4)_2 \cdot 12H_2O$	474.39	$C_6H_8O_6$ （维生素 C）	176.12
KBr	119.00	$C_9H_8O_4$ （乙酰水杨酸）	180.16
$KBrO_3$	167.00	$C_6H_7O_3NS$ （对氨基苯磺酸）	173.19
K_2CrO_4	194.19	$KHC_4H_4O_6$ （酒石酸氢钾）	188.18
$K_2Cr_2O_7$	294.18	$KHC_8H_4O_4$ （邻苯二甲酸氢钾）	204.22
KH_2PO_4	136.09	$Na_2C_2O_4$ （草酸钠）	134.00
KI	166.00	$NaC_7H_5O_2$ （苯甲酸钠）	144.10
KIO_3	214.00	$Na_3C_6H_5O_7 \cdot 2H_2O$ （柠檬酸钠）	294.10
$KMnO_4$	158.03	$Na_2H_2C_{10}H_{12}O_8N_2 \cdot 2H_2O$ （EDTA 二钠）	372.24
KOH	56.106		

附录3　弱酸和弱碱在水中的解离常数（25℃）

化合物	分子式	解离常数（K_a或K_b）	pK_a或pK_b
硼酸	H_3BO_3	$K_a = 5.8 \times 10^{-10}$	9.24
亚砷酸	H_3AsO_3	$K_a = 6.0 \times 10^{-10}$	9.22
亚硝酸	HNO_2	$K_a = 5.1 \times 10^{-4}$	3.29
硫酸	H_2SO_4	$K_a = 1.0 \times 10^{-2}$	1.99
碳酸	H_2CO_3	$K_{a_1} = 4.2 \times 10^{-7}$	6.38S
		$K_{a_2} = 5.6 \times 10^{-11}$	10.25
亚硫酸	H_2SO_3	$K_{a_1} = 1.3 \times 10^{-2}$	1.90
		$K_{a_2} = 6.3 \times 10^{-8}$	7.20
砷酸	H_3AsO_4	$K_{a_1} = 6.3 \times 10^{-3}$	2.20
		$K_{a_2} = 1.0 \times 10^{-7}$	7.00
		$K_{a_3} = 3.2 \times 10^{-12}$	11.50
磷酸	H_3PO_4	$K_{a_1} = 7.6 \times 10^{-3}$	2.12
		$K_{a_2} = 6.3 \times 10^{-8}$	7.20
		$K_{a_3} = 4.4 \times 10^{-13}$	12.36
甲酸（蚁酸）	$HCOOH$	$K_a = 1.8 \times 10^{-4}$	3.74
乙酸（醋酸）	CH_3COOH	$K_a = 1.8 \times 10^{-5}$	4.74
乳酸	$CH_3CH_2OHCOOH$	$K_a = 1.4 \times 10^{-4}$	3.86
苯甲酸	C_6H_5COOH	$K_a = 6.2 \times 10^{-5}$	4.21
草酸	$H_2C_2O_4$	$K_{a_1} = 5.9 \times 10^{-2}$	1.22
		$K_{a_2} = 6.4 \times 10^{-5}$	4.19
酒石酸	$H_6C_4O_6$	$K_{a_1} = 6.0 \times 10^{-4}$	3.22
		$K_{a_2} = 1.6 \times 10^{-5}$	4.81
邻苯二甲酸	$H_2C_8H_4O_4$	$K_{a_1} = 1.1 \times 10^{-3}$	2.95
		$K_{a_2} = 3.9 \times 10^{-6}$	5.41
柠檬酸	$H_3C_6H_5O_7$	$K_{a_1} = 7.4 \times 10^{-4}$	3.13
		$K_{a_2} = 1.7 \times 10^{-5}$	4.76
		$K_{a_3} = 4.0 \times 10^{-7}$	6.40
苯酚	C_6H_5OH	$K_a = 1.1 \times 10^{-10}$	9.95

续表

化合物	分子式	解离常数（K_a 或 K_b）	pK_a 或 pK_b
水杨酸	$C_6H_4OHCOOH$	$K_{a_1} = 1.0 \times 10^{-3}$	3.00
		$K_{a_2} = 4.2 \times 10^{-13}$	12.38
苦味酸	HOC_6H_2O	$K_a = 4.2 \times 10^{-1}$	0.38
氨水	$NH_3 \cdot H_2O$	$K_b = 1.8 \times 10^{-5}$	4.74
氢氧化钙	$Ca(OH)_2$	$K_{b_1} = 4.0 \times 10^{-2}$	1.40
		$K_{b_2} = 3.7 \times 10^{-3}$	2.43
羟胺	NH_2OH	$K_b = 9.1 \times 10^{-9}$	8.04
		$K_a = 1.1 \times 10^{-8}$	7.97
甲胺	CH_3NH_2	$K_b = 4.2 \times 10^{-4}$	3.38
乙二胺	$H_2NCH_2CH_2NH_2$	$K_{b_1} = 8.5 \times 10^{-5}$	4.07
		$K_{b_2} = 7.1 \times 10^{-8}$	7.15
苯胺	$C_6H_5NH_2$	$K_b = 4.3 \times 10^{-10}$	9.37
喹啉	C_9H_7N	$K_b = 7.9 \times 10^{-10}$	9.10

附录4 常用标准 pH 缓冲溶液的配制（25℃）

名称	pH 值	配制方法
0.05mol/L 草酸三氢钾	1.68	称取在54℃±3℃下烘干4~5小时的基准草酸三氢钾12.6g，置于烧杯中，加蒸馏水溶解后，定量转移至1L的容量瓶中，加水稀释至标线，摇匀
饱和酒石酸氢钾	3.56	称取20g基准酒石酸氢钾于磨口试剂瓶中，加1L蒸馏水，剧烈振摇30分钟，溶液澄清后，取上清液即可
0.05mol/L 邻苯二甲酸氢钾	4.00	称取在105℃±5℃下烘干2~3小时的基准邻苯二甲酸氢钾3.53g，置于烧杯中，加蒸馏水溶解后，定量转移至1L的容量瓶中，加水稀释至标线，摇匀
0.025 mol/L 混合磷酸盐	6.88	分别称取在115℃±5℃下烘干2~3小时的基准磷酸二氢钾3.4021g和磷酸氢二钠3.5490g，置于烧杯中，加蒸馏水溶解后，定量转移至1L的容量瓶中，加水稀释至标线，摇匀
0.01mol/L 硼砂	9.18	称取3.8137g基准硼砂，置于烧杯中，加无 CO_2 的蒸馏水溶解后，定量转移至1L的容量瓶中，加无 CO_2 的蒸馏水稀释至标线，摇匀

附录 5　试剂的配制

1. 酸碱试剂溶液

名称	分子式	浓度 （mol/L）	相对密度 （20℃）	质量分数	配制方法
浓盐酸		12	1.19	0.3723	
稀盐酸	HCl	6	1.1	0.2	浓盐酸 500ml，加水稀释至 1000ml
		3	—	—	浓盐酸 250ml，加水稀释至 1000ml
		2	1.036	0.0715	浓盐酸 167ml，加水稀释至 1000ml
		1	—		浓盐酸 83ml，加水稀释至 1000ml
浓硝酸	HNO$_3$	16	1.42	0.698	
稀硝酸		6	1.2	0.3236	浓硝酸 375ml，加水稀释至 1000ml
		2	1.07	0.12	浓硝酸 127ml，加水稀释至 1000ml
		1	—	—	浓硝酸 62.5ml，加水稀释至 1000ml
浓硫酸	H$_2$SO$_4$	18	1.84	0.956	
稀硫酸		3	1.18	0.248	浓硫酸 167ml 慢慢倒入 800ml 水中，并不断搅拌，最后加水稀释至 1000ml
		1	1.06	0.0927	浓硫酸 53ml 慢慢倒入 800ml 水中，并不断搅拌，最后加水稀释至 1000ml
浓醋酸	CH$_3$COOH	17	1.05	0.995	
稀醋酸		6	—	0.35	浓醋酸 535ml，加水稀释至 1000ml
		2	1.016	0.121	浓醋酸 118ml，加水稀释至 1000ml

2. 碱试剂溶液

名称	分子式	浓度 （mol/L）	相对密度 （20℃）	质量分数	配制方法
浓氨水	HCL	15	0.9	0.25~0.27	
稀氨水		6	—	0.1	浓氨水 400ml，加水稀释至 1000ml
		2	—		浓氨水 133ml，加水稀释至 1000ml
		1	—		浓氨水 67ml，加水稀释至 1000ml
氢氧化钠	NaOH	6	1.22	0.197	250g 氢氧化钠溶于水，稀释至 1000ml
		2	—		80g 氢氧化钠溶于水，稀释至 1000ml
		1	—		40g 氢氧化钠溶于水，稀释至 1000ml
氢氧化钾	KOH	2	—		112g 氢氧化钠溶于水，稀释至 1000ml

3. 指示剂溶液

名称	配制方法
甲基橙	取甲基橙 0.1g, 加蒸馏水 100ml 溶解后, 滤过
酚酞	取酚酞 1g, 加 95% 乙醇 100ml 使溶解
铬酸钾	取铬酸钾 5g, 加蒸馏水溶解, 稀释至 100ml
硫酸铁铵	取硫酸铁铵 8g, 加蒸馏水溶解, 稀释至 100ml
铬黑 T	取铬黑 T 0.1g, 加氯化钠 10g, 研磨均匀
钙指示剂	取钙指示剂 0.1g, 加氯化钠 10g, 研磨均匀
淀粉指示剂	取淀粉 0.5g, 加蒸馏水 5ml, 搅拌均匀, 缓缓倾入 100ml 沸蒸馏水中, 放置, 倾取上层清液应用。本液应临用前新制
碘化钾淀粉	取碘化钾 0.5g, 加新制的淀粉指示剂 100ml, 使溶解。本液配制 24 小时后, 即不适用

4. 洗液的配制

取工业用重铬酸钾 10g, 溶解于 30ml 热蒸馏水中, 冷却后, 边搅拌边缓缓加入 170ml 浓硫酸, 放置, 溶液呈暗红色, 贮于玻璃瓶中保存。

同步训练参考答案

第一章 分析化学概论

一、填空题

1. 化学组成；分析方法；有关理论；技术

2. 定性分析；定量分析；结构分析；鉴定物质的化学组成；测定物质中各组分的相对含量；确定物质的化学结构

3. 化学分析；仪器分析

4. 化学

5. 物理；物理化学；光学分析；电化学分析；色谱分析；质谱分析

二、单选题

1. E 2. D 3. E 4. B 5. E

第二章 检验结果的处理

一、填空题

1. 所有的准确数字；最后一位可疑数字

2. 四舍六入五留双

3. 准确测定试样中被测组分的含量

4. 正；偏高；负；偏低

5. 系统误差；随机误差

6. 相对误差

7. 统计规律；平行测定；平均值

8. 高；低；准确度

9. 偏差；重现性；偏差；偏差

10. 空白试验；对照试验；校准仪器；严格操作

11. 高；高。

二、单选题

1. B 2. C 3. B 4. C 5. D 6. D 7. E 8. C

三、计算题

0.9951；0.0003；0.03%

第三章　滴定分析法概论

一、填空题

1. 标准溶液；滴定液；滴定管；待测溶液；颜色

2. 反应式；恰好完全反应；化学；指示剂颜色变化点；滴定终点；化学计量点；误差；滴定误差；0.2%

3. 酸碱滴定法；沉淀滴定法；配位滴定法；氧化还原滴定法

4. T_B；g/ml；NaOH；HCl

5. 直接配制法；间接配制法

6. 一般试剂；基准试剂；专用试剂；化学危险品

7. 酸式滴定管；碱式滴定管

8. 杠杆原理；天平梁；天平柱；机械加码装置；光学投影装置；天平箱

9. 天平梁；平衡螺丝；灵敏性；稳定性

10. 启动；休止

二、单选题

1. A　2. C　3. B　4. E　5. A

三、计算题

1. 0.09463mol/L。

2. 0.1060mol/L。

3. 0.004116g/ml

第四章　酸碱滴定法

一、填空题

1. pH 值

2. $pK_{HIn} \pm 1$

3. 温度；溶剂；指示剂的用量；滴定程序

4. 强度；浓度

5. 理论变色点

6. 无水 Na_2CO_3

7. 溶液的 pH 值；加入标准溶液的体积；酸碱滴定曲线

8. 间接

9. $c \cdot K_a \geqslant 10^{-8}$；相邻两级解离的 K_a 比值 $\geqslant 10^4$

10. Na_2CO_3；NaOH 和 Na_2CO_3；Na_2CO_3 和 $NaHCO_3$；NaOH；$NaHCO_3$

二、单选题

1. D　2. A　3. D　4. A　5. B　6. A　7. B　8. C　9. A　10. A　11. B　12. A　13. D

三、计算题

1. 0.1012mol/L

2. 66.42%

3. 94.82%

4. $Na_2CO_3\%$ =67.32%；$NaHCO_3\%$ =25.82%

5. 98.20%

第五章　沉淀滴定法

一、填空题

1. 生成难溶性银盐；铬酸钾指示剂法（莫尔法）；铁铵矾指示剂法（佛尔哈德法）；吸附指示剂法（法扬司法）

2. 充分振摇；提前

3. 偏低；氯化银沉淀强烈吸附曙红指示剂，使终点过早出现；无影响；氯化银沉淀吸附 I^- 的能力比吸附曙红指示剂阴离子的能力强，只有当 $[I^-]$ 降低到滴定终点时，氯化银沉淀才吸附曙红指示剂阴离子而改变颜色

二、单选题

1. E　2. B　3. D　4. B　5. D　6. C

三、计算题

1. 8.079g/L

2. 85.56%

第六章　配位滴定法

一、填空题

1. 配位反应

2. H_4Y；EDTA

3. Y^{4-}

4. 酸度

5. 七

6. 配合物；$\lg K_{稳} \geqslant 8$

7. 最低 pH 值

8. $Mg^{2+} + EBT \Longleftrightarrow Mg-EBT$；$Mg^{2+} + EDTA \Longleftrightarrow Mg-EDTA$；$Mg-EBT + EDTA \Longleftrightarrow Mg-EDTA + EBT$

9. ZnO；$c_{EDTA} = \dfrac{m_{ZnO}}{V_{EDTA} M_{ZnO}} \times 10^3$

10. 溶解于水的钙盐和镁盐的总量

二、单选题

1. A　2. A　3. B　4. D　5. C　6. C　7. B　8. B　9. D　10. A

三、计算题

1. 0. 05113mol/L

2. ①$C_{EDTA} = 0. 01008$mol/L。②$m_{ZnO} = 8. 204 \times 10^{-4}$g；$m_{氧化铝} = 5. 139 \times 10^{-4}$g

3. 0. 8233

4. 101. 1mg/L

第七章 氧化还原滴定法

一、填空题

1. 使用的标准溶液；高锰酸钾法；碘量法；亚硝酸钠法

2. 强酸性；$KMnO_4$；氧化性；还原性；直接滴定法；返滴定法；间接滴定法

3. 间接配制；$Na_2C_2O_4$；稀 H_2SO_4。

4. 氧化性；酸性；中性；弱碱性；还原；中性；弱酸；还原；氧化；$Na_2S_2O_3$；蓝色出现；蓝色消失

5. 亚硝酸钠（$NaNO_2$）；盐酸；芳香伯胺；芳香仲胺；永停滴定

二、单选题

1. A 2. B 3. C 4. D 5. C 6. B 7. D 8. D 9. E 10. C 11. E 12. A 13. E 14. A 15. D

三、计算题

1. 0. 6033

2. 0. 1141mol/L

3. 3. 67ml

第八章 电位分析法及永停滴定法

一、填空题

1. 电流

2. 氧化；还原

3. 24 小时

4. 标准 pH 缓冲溶液；被测溶液；±2

5. 参比电极；指示电极

6. 内参比电极

7. 直接电位法

8. 原电池；电解池

9. 标准曲线法；标准比较法

二、单选题

1. B 2. C 3. E 4. C 5. A 6. B 7. C

三、计算题

5. 91

第九章　紫外－可见分光度法

一、填空题

1. $400 \sim 760nm$；$200 \sim 400nm$

2. 浓度；液层厚度；光的吸收定律

3. 摩尔吸光系数；吸收系数

4. 波长；吸光度；最大吸收波长；λ_{max}

5. 标准曲线（或工作曲线）；通过原点的直线

6. 吸光度；对该波长光的吸收能力越大

7. 最大吸收波长；灵敏度

8. 钨灯或卤钨灯；光学玻璃；氢灯或氘灯；石英

9. 光源；单色器；吸收池；检测器；信号处理与显示器

10. 平行的单色光；稀

11. 100%；0

12. 对比法；吸光系数法；标准曲线法

二、单选题

1. E　2. A　3. B　4. C　5. B　6. D　7. D　8. B　9. C　10. E　11. E　12. E　13. B　14. D　15. E　16. A　17. C

三、计算题

1. 1.76×10^5 L/mol·cm

2. 6.82×10^4 L/mol·cm；1.20×10^3 L/g·cm

3. 98.39%

4. $1.92 \times 10^{-5} \sim 5.14 \times 10^{-6}$ mol/L

第十章　色谱法

一、填空题

1. 色谱分析法；层析法；物理或物理化学

2. 取样量少；分离效能高；灵敏度高；分离效果好

3. 气相色谱法；液相色谱法；柱色谱法；纸色谱法；薄层色谱法；吸附色谱法；分配色谱法；离子交换色谱法；凝胶色谱法；亲和色谱法

4. 柱层析法；竖直；上；下；吸附柱色谱法；分配柱色谱法；离子交换柱色谱法；空间排阻柱色谱法

5. 滤纸；水分或其他物质；展开剂

6. 薄层层析法；支持板上的支持物；合适的溶剂；分离；鉴定；定量；薄层板的制备；点样；展开；显色；定性；定量

7. 气体为流动相的柱色谱分离技术；高速液相色谱法；高压液相色谱法

二、单选题

1. D　2. B　3. C　4. A　5. B　6. B　7. C　8. C　9. B　10. B

三、计算题

1. 0. 7；1. 3

2. 14. 5 cm

第十一章　原子吸收分光光度法

一、填空题

1. 能量最低；状态最稳定

2. 火焰原子化法；无火焰原子化法

3. 色散元件；凹面镜；狭缝

4. 雾化器；燃烧器；火焰

二、单选题

1. D　2. C　3. E　4. D　5. E